"少年轻科普"丛书

# 大熊猫饲养笔记
## 从吃竹子到"黑白配"的科学

史军 / 主编

熊博 陈婷 郑炜 姚永嘉 / 著

广西师范大学出版社
· 桂林 ·

# 特别致谢

成都动物园（成都市野生动物研究所）

龙溪—虹口国家级自然保护区

西南民族大学 官天培教授

# 序
PREFACE

## 每个孩子都应该有一粒种子

在这个世界上，有很多看似很简单，却很难回答的问题，比如说，什么是科学？

什么是科学？在我还是一个小学生的时候，科学就是科学家。

那个时候，"长大要成为科学家"是让我自豪和骄傲的理想。每当说出这个理想的时候，大人的赞赏言语和小伙伴的崇拜目光就会一股脑地冲过来，这种感觉，让人心里有小小的得意。

那个时候，有一部科幻影片叫《时间隧道》。在影片中，科学家可以把人送到很古老很古老的过去，穿越人类文明的长河，甚至回到恐龙时代。懵懂之中，我只知道那些不修边幅、蓬头散发、穿着白大褂的科学家的脑子里装满了智慧和疯狂的想法，它们可以改变世界，可以创造未来。

在懵懂学童的脑海中，科学家就代表了科学。

什么是科学？在我还是一个中学生的时候，科学就是动手实验。

那个时候，我读到了一本叫《神秘岛》的书。书中的工程师似乎有着无限的智慧，他们凭借自己的科学知识，不仅种出了粮食，织出了衣服，造出了炸药，开凿了运河，甚至还建成了电报通信系统。凭借科学知识，他们把自己的命运牢牢地掌握在手中。

于是，我家里的灯泡变成了烧杯，老陈醋和碱面在里面愉快地冒着泡；拆解开的石英钟永久性变成了线圈和零件，只是拿到的那两片手表玻璃，终究没有变成能点燃火焰的透镜。但我知道科学是有力量的。拥有科学知识的力量成为我向往的目标。

在朝气蓬勃的少年心目中，科学就是改变世界的实验。

什么是科学？在我是一个研究生的时候，科学就是炫酷的观点和理论。

那时的我，上过云贵高原，下过广西天坑，追寻骗子兰花的足迹，探索花朵上诱骗昆虫的精妙机关。那时的我，沉浸在达尔文、孟德尔、摩尔根留下的遗传和演化理论当中，惊叹于那些天才想法对人类认知产生的巨大影响，连吃饭的时候都在和同学讨论生物演化理论，总是憧憬着有一天能在《自然》和《科学》杂志上发表自己的科学观点。

在激情青年的视野中，科学就是推动世界变革的观点和理论。

直到有一天，我离开了实验室，真正开始了自己的科普之旅，我才发现科学不仅仅是科学家才能做的事情。科学不仅仅是实验，验证重力规则的时候，伽利略并没有真的站在比萨斜塔上面扔铁球和木球；科学也不仅仅是观点和理论，如果它们仅仅是沉睡在书本上的知识条目，对世界就毫无价值。

科学就在我们身边——从厨房到果园，从煮粥洗菜到刷牙洗脸，从眼前的花草大树到天上的日月星辰，从随处可见的蚂蚁蜜蜂到博物馆里的恐龙化石……

处处少不了它。

其实，科学就是我们认识世界的方法，科学就是我们打量宇宙的眼睛，科学就是我们测量幸福的尺子。

什么是科学？在这套"少年轻科普"丛书里，每一位小朋友和大朋友都会找到属于自己的答案——长着羽毛的恐龙、叶子呈现宝石般蓝色的特别植物、僵尸星星和流浪星星、能从空气中凝聚水的沙漠甲虫、爱吃妈妈便便的小黄金鼠……都是科学表演的主角。"少年轻科普"丛书就像一袋神奇的怪味豆，只要细细品味，你就能品咂出属于自己的味道。

在今天的我看来，科学其实是一粒种子。

它一直都在我们的心里，需要用好奇心和思考的雨露将它滋养，才能生根发芽。有一天，你会突然发现，它已经长大，成了可以依托的参天大树。树上绽放的理性之花和结出的智慧果实，就是科学给我们最大的褒奖。

编写这套丛书时，我和这套书的每一位作者，都仿佛沿着时间线回溯，看到了年少时好奇的自己，看到了早早播种在我们心里的那一粒科学的小种子。我想通过"少年轻科普"丛书告诉孩子们——科学究竟是什么，科学家究竟在做什么。当然，更希望能在你们心中，也埋下一粒科学的小种子。

"少年轻科普"丛书主编

# 目录
## CONTENTS

# 01

## 萌兽还是猛兽？是我是我，都是我！
### ——大熊猫的进化史

别看大熊猫吃吃竹子翻翻跟头，各有各的"萌萌哒"，但可别被它们憨态可掬的外表迷惑了。实际上，它们都是战斗力爆表的"武林高手"，是妥妥的"功夫熊猫"。这究竟是怎么回事？

## 大块头，有蛮力，一拍一咬都要命

首先，熊猫的个头和力气就不可小觑。一头圈养成年大熊猫的体重可达 80 ~ 120 千克，掌力虽然还没有公开测量数据，但成年熊猫前肢肌力远超人类，"一巴掌拍死个人"可真不是开玩笑。所以，即使是由饲养员从小带大的大熊猫，它们的"奶爸奶妈"也得小心翼翼绕着走，才能确保不被长大的它们误伤。

憨态可掬的大熊猫是妥妥的猛兽。（成都动物园 熊博/摄）

其次，它们的咬合力也很惊人，位列食肉目动物前五，排在北极熊、东北虎、非洲狮、棕熊的后面。强大的咬合力源自它们特化的头骨结构和发达的咀嚼肌。发达的咀嚼肌在收缩时可以产生巨大的力量，通过坚固的颌骨传导到牙齿上，从而产生强大的咬合力。古籍《山海经》提到："邛（qióng）来山，今在汉

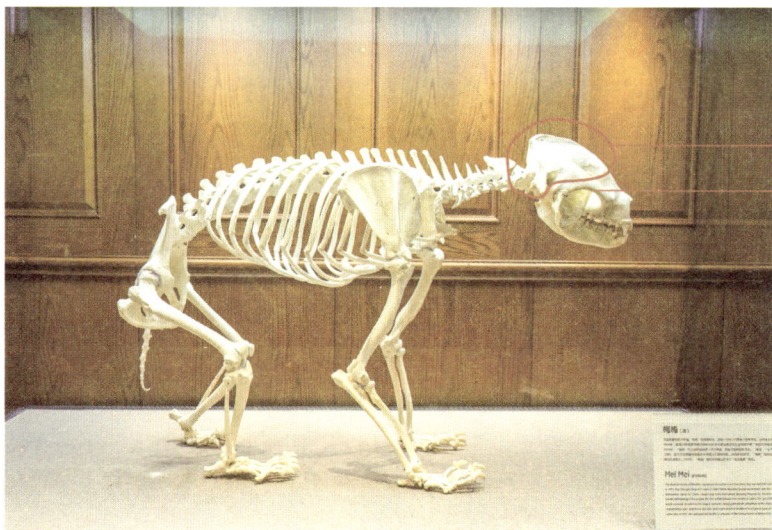

矢状脊、项脊、
冠状突所在区域

颧弓

成都大熊猫博物馆大熊猫骨骼标本。大熊猫的头骨具有发达的矢状脊、项脊
和冠状突，扩大了咀嚼肌的附着面；颧弓高度发达，为咀嚼肌提供了足够的
容纳空间。感兴趣的小读者可以搜索人类或其他哺乳动物的头骨照片，看看
这些区域的对比。（视觉中国／供图）

嘉严道县，南江水所自出也。山有九折，坂出貊[1]。貊
似熊而黑白驳，亦食铜铁也。"这里提到的"貊"被
认为就是大熊猫——像熊，毛色黑白相间，产于四川
邛崃山，这些都对得上。至于食铜铁的习性，很可能
是因为当时的野生大熊猫跑到山下居民家中，偷吃锅
里的食物，把锅啃变了形，所以被误认为它吃铜铁。

---

1 编者注：貊（mò），《辞海》注同"貘"。现在，"貘"是貘科、貘属动物的通称。

## 从肉食到素食，随遇而安演化路

然而造化弄"熊"，大自然居然用它的力量把这个食肉目家族的成员逐渐变成了独特的素食主义者。它们的臼齿变得宽大、扁平，适合研磨竹子；它们由桡侧籽骨特化的"伪拇指"能够灵活抓握竹子；它们感受肉中鲜味的相关基因不再发挥作用，反而为了消化竹子使尽浑身解数，特别是纤维素和半纤维素的消化，主要靠大熊猫肠道中存在的特殊微生物群落，比如梭菌，有效提高了营养物质的吸收效率……这么奇妙的演化历程究竟是怎样的呢？让我们穿越时光，重走大熊猫的演化之路。

大约 800 万年前，在原始森林和沼泽地带，生活着一种叫"始熊猫"的动物，体形还没有现代大熊猫的一半大。科学家研究分析了在云南禄丰和元谋发现的化石，推测始熊猫生活在沼泽环境中，牙齿化石显示它是一种杂食性动物。

**小贴士**
*特化*

物种高度适应于某一独特的生活环境，形成形态特异或过于发达的器官或独特的生理特征的生物演化方式。特化的物种可以最大程度地适应环境，但只能适应非常狭窄的环境条件，所以当环境突然发生较大的变化，往往导致它们的灭绝。

在这只三周大的大熊猫幼崽前爪上，可以清晰地看到"伪拇指"。（视觉中国/供图）

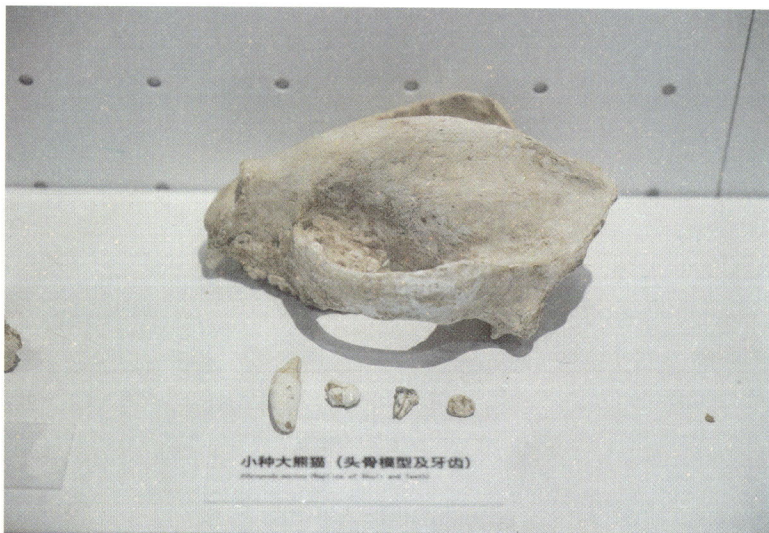

小种大熊猫头骨模型及牙齿。（视觉中国/供图）

约 180 万年前的更新世早期，全球气候变化，植被也随之发生显著变化，这个时期出现了"小种大熊猫"。在广西柳城等地发现的牙齿化石显示，小种大熊猫可能就已经转化为以竹为生。

到了距今 60 万～70 万年前的更新世中期，小种大熊猫在生存斗争中逐渐趋于绝灭，取而代之的是体形进一步增大的大熊猫巴氏亚种。到了更新世中晚期，从化石发现的记录来看，大熊猫巴氏亚种的足迹遍布我国长江流域、珠江流域和华北部分地区，从北京周口店到东南沿海地区，甚至在今天的缅甸也有化石记录——这个时期是大熊猫家族最为兴旺辉煌的阶段。随着气候变化和地理环境变化，到距今 1.2 万年左右，大熊猫巴氏亚种已经大量消失了。

再后来，大熊猫的分布范围越来越小，现生种大熊猫逐渐取代了大熊猫巴氏亚种。经历了 800 万年的演化，"这个在残酷的自然选择中存活下来的物种今天仍然生存于秦岭、岷山、邛崃山、相岭和凉山等山系的森林中"，我国大熊猫生态学研究奠基人胡锦矗教授在《大熊猫的起源与演化》里如是说。"因为在更新世中期与大熊猫伴生的哺乳动物大多已在往后的

地质年代中被新的物种所取代，唯有大熊猫一直延续
至今，所以被誉为动物'活化石'。"

大熊猫巴氏亚种骨骼化石标本。（视觉中国／供图）

## 憨憨模样迅捷行，表里不一有奇技

大熊猫是个表里不一的家伙，慵懒的日常和超强的运动力形成反差，看似笨拙的大熊猫短距离奔跑速度可达每小时 40 千米。

大熊猫四肢骨骼粗壮但关节灵活，脚底厚厚的毛发起到防滑作用，因此它们能够在山地中如履平地。大熊猫的垂直攀爬能力也是一绝，肌肉发达的前肢，牢牢抓握树干，爪子深深嵌入树皮中，提供稳固的抓握力；后肢粗短，蹬踏力强，配合前肢进行攀爬。

## 友谊大使，外交名片

综上所述，相信大家已经心服口服，大熊猫的确是不折不扣的猛兽。但与此同时，它们又确实是性格温和、与世无争的素食主义者。在近现代中国，大熊猫在官方和民间逐渐被赋予"义兽"形象，现在，更以温和、可爱、包容的特点成为中国形象"代言人"之一。

中华人民共和国成立后，大熊猫以"国礼"形式相继赠送给苏联、朝鲜、美国、英国、法国、德国等多个国家，成为中外友好建交的重要见证。1982 年，为了保护濒危动物大熊猫，中国政府便以租借代替了赠送。1994 年起，大熊猫只能以保护研究合作的目的到各国的动物园中旅居，一般为 10 ~ 15 年，到期后沟通是否能续约或将熊猫归还，在旅居期间繁殖出来的熊猫宝宝通常要在 3 周岁前归还中国。

海外动物园要想邀请熊猫旅居，除了要支付百万美元起步的租金外，还需要证明能让熊猫吃好、住好。大熊猫在海外园舍的生活面积基本超过 1 000 平方米，室内室外装修造价也普遍在 500 万美元以上。这里不得不提 2022 年为了迎接大熊猫"四海"和"京京"，卡塔尔建造了 12 万平方米的大熊猫场馆——豪尔熊猫馆，场馆通过精确地控制温度、湿度，尽可能模拟大熊猫自然栖息地的四季气候变化，功能齐全，每周还有至少 800 千克鲜竹子从四川空运过去。只能说，全球各地没有人能抵挡大熊猫的魅力。

大熊猫在很多层面都是独一无二的存在。它们既能展现猛兽实力，又能萌化人心，这个黑白相间的可爱生灵，正是大自然赐予我们的奇妙礼物。

大熊猫的外表看起来温和可爱。（视觉中国 / 供图）

# 被"团子"追着跑

　　提起大熊猫，许多人第一印象肯定是"太萌了，想摸一下"（当然是不允许随便接触的！）。也有很多朋友问过我，它们的毛是不是跟看上去一样柔软？摸起来手感怎么样？饲养员是不是可以随时抱着它们玩？我想分享的就是关于做大熊猫宝宝"陪练"的故事。

　　众所周知，大熊猫作为我国的国宝，有着重要的科研价值和象征意义。大熊猫的繁育一直是饲养和研究的重点之一，饲养员要照顾的除了平时大家能在动物园看到的亚成年和成年大熊猫以外，还有幼年大熊猫。

　　大熊猫刚出生的时候跟小鼠一般大小，之后会经历 18 个月左右的哺乳期。圈养大熊猫宝宝的食谱里逐渐可以添加新鲜竹叶、竹笋和果蔬，再往后就可以添加窝窝头等食物了。这段时间熊猫幼崽仍会跟随熊

幼年大熊猫

　　从出生至约 1.5 岁龄的大熊猫，分为哺乳前期（0～0.5 岁龄）和哺乳后期（0.6～1.5 岁龄）两个阶段。

同期

　　在同一繁殖季（或同一年龄段）出生、接受相似人工育幼流程的一组大熊猫幼崽，管理上常作为"同期"集中训练与观察。

猫妈妈生活，直到哺乳期结束，便开始独立成长了。

　　照顾熊猫幼崽时，饲养员要肩负起一项"严峻"的任务——带熊猫幼崽们活动起来，确保每天有充足晒太阳的时间和运动量，以保证幼崽们能尽可能健康地长大。

　　还记得那是一个风和日丽的下午，阳光透过树叶洒到青草地上，我按照工作计划到圈舍里去给几只同期的熊猫幼崽当"陪练"——这是我第一次同时陪伴多只熊猫宝宝。

　　开始的时候一切都很正常，正常地把它们抱到栖架上，正常地引导它们追逐我。不过热身活动结束后，

呆萌的大熊猫幼崽，战斗力不容小觑。（成都动物园 熊博／摄）

熊猫幼崽们明显锻炼热情高涨——当抬头看见几双呆萌的大眼睛齐刷刷地、兴奋地看着我时，思考了一秒钟之后，我果断选择小跑与它们拉开距离，不让它们抱到大腿。熊猫属于猛兽，爪子有很强的抓力，一旦被抱住还是挺疼的。更何况，它们还拥有一副成年以后堪比顶级食肉动物咬合力的牙齿，抱住之后接踵而至的往往是一口"爱的啃食"。

幼崽们的圈舍是对外展出的。一开始游客只是看着幼崽们玩耍，而此时，因为我拉开了距离，幼崽们朝我发起冲锋，游客的注意力完全被吸引过来，甚至呼朋唤友赶紧来看。我从圈舍这头跑到那头，幼崽们也从这头追到那头；我只好采取三角形走位，在它们快到我脚边的时候开始下一段"跑路"。循环往复，虽然跑一段可以稍作休息，但在二十几度的户外仍是有点气喘吁吁。反观游客，一个个开心得一边鼓掌一边欢呼，像是在给幼崽们加油打气，争取下一次能够将我逮到。

整个追逐的过程持续了大约十来分钟。那天，幼崽们的运动量是妥妥地超额完成了，还给游客的游览增加了隐藏"彩蛋"——满头冒汗的我深深体会到什么叫"累并快乐着"！

# 02

## 黑白精灵隐山林，探寻之旅揭奥秘
## ——大熊猫的发现史

想亲眼看看大熊猫吗？在中国你有很多选择：去成都大熊猫繁育研究基地看和花、和叶两姐妹，去卧龙神树坪基地探望"长公主"福宝，去北京动物园觐见"西直门三太子"萌兰……若是走出国门，俄罗斯、美国、法国、德国、荷兰、西班牙、比利时、澳大利亚、日本、新加坡、泰国、马来西亚、卡塔尔、印度尼西亚、韩国、丹麦、芬兰、奥地利等国[1]都有中国旅居大熊猫。但是以上这些都是人类圈养的大熊猫，在大熊猫国家公园里，还生活着野生大熊猫。

大熊猫国家公园北起岷山北部，经西秦岭、邛崃山、大相岭，南至小相岭，呈东西窄、南北长的带状，规划面积为 21 978 平方千米。大家看到这里可能有

---

1　编者注：旅居名单截至 2025 年 4 月。

些疑惑："大熊猫难道不是四川特产吗？陕西和甘肃也有大熊猫吗？"没错，2015年全国第四次大熊猫调查结果显示，陕西秦岭野生大熊猫有345只，种群密度为全国之首，平均每100平方千米就有9～10只大熊猫。据说在野外遇到大熊猫的概率也是这里最高。不过，陕西秦岭有野生大熊猫种群的事实，直到20世纪50年代末至60年代初，才被学界发现和认定。

时间回到1958年，北京师范大学生物系青年教师郑光美带着学生来秦岭岳坝乡（现为岳坝镇）教学实习。实习除了野外考察，跟当地老乡聊天也是重要的方式，往往会有意想不到的收获。当时郑光美借住在乡长杨笃芳家，闲谈中乡长翻出家里的一张"花熊皮"，郑光美一看心下吃惊，追问起来，发现这里有个大乌龙事件。

1957年冬天，岳坝乡的村民发现天上有一架飞机掠过，还扔下了什么东西。杨乡长接到村民来报，以为是特务空降，赶紧抄起猎枪、带着民兵进山搜查。竹林边隐约瞅见一个人身穿白马褂、头戴白草帽，行为鬼鬼祟祟。"站住！""举起手来！"尽管民兵大声喊话，可对方并不搭理。大伙儿认定这是特务，枪响"人"倒，凑近一看才发现原来是个黑白相间的动物，是当地人口中的"花熊"，虚惊一场。特务最终没有找到，杨乡长却收获了黑白花纹的熊皮褥子。

郑光美的到来让杨乡长知道，原来这花熊很可能就是大熊猫，是国宝级别的稀罕物，实在是猎杀不得。接下来的几天，杨乡长领着师生在山林中找到了前一年冬天猎杀花熊后残留的部分颅骨和下颌骨。

带着这些珍贵的皮毛、骨骼证据回到北京，郑光美认真地对比、检测，最终确认了陕西村民口中的"花熊"就是国宝大熊猫。原来，大熊猫并不局限在四川一省，秦岭的茂密山林里也有它们的踪迹！1964年，郑光美在《动物学杂志》上发表了一篇文章，介绍秦岭生活着大熊猫的事实。

1973年，陕西动物研究所研究员张纪叔到秦岭佛坪地区考察时，收集到8张大熊猫皮和2个头骨，再次证明这里是野生大熊猫集中生存的区域。这次发现引起省政府重视，于1974年组织了一支475人的生物资源考察队全面调查秦岭珍稀动物。据推算，当时此地大熊猫有200多只，确实是野生大熊猫资源很丰富的地区。1980年，佛坪自然保护区¹正式建立了。

东西走向的秦岭山脉是一道天然的屏障，一方面有效阻挡了来自北方的寒流，另一方面蓄积了南麓汉江充足的水汽。山脉中部的佛坪县境内，生长着郁郁葱葱的巴山木竹和秦岭箭竹，为大熊猫提供了充足的食物，成为大熊猫天然的庇护所。

2005年，浙江大学方盛国教授团队通过对比研究，认定秦岭大熊猫是新的大熊猫亚种，并将其命名为"秦岭亚种"。

以上说的是如何发现秦岭地区的大熊猫，那么更早以前，大熊猫是如何被西方科学界首次发现并命名的呢？我们要来认识一位法国传教士，阿尔芒·戴维²，他的另一重身份是动植物学家。少年时期的戴维受当医生的父亲影响，非常喜爱动植物，立志要到世界各地去考察。1862年，36岁的戴维被派遣到中国从事传教工作。临行前，法国国家自然历史博物馆馆长亨利·米勒·爱德华兹嘱托他注意采集一些中国珍

---

1 编者注：1988年，"佛坪自然保护区"更名为"陕西佛坪国家级自然保护区"。

2 编者注：Armand David，也译作阿尔芒·戴维德。

稀动植物标本。戴维在中国活动时间长达 12 年，其中在四川穆坪地区（现隶属四川省雅安市宝兴县）进行了为期 8 个多月的科学考察，大熊猫、扭角羚、川金丝猴、珙桐（鸽子花树）等珍贵的动植物，都由他在当地发现并亲手制作标本，送回法国国家自然历史博物馆珍藏。

时间回到 1869 年 3 月。戴维完成当天考察工作返回教堂的途中，一位姓李的当地百姓热情地邀请戴维到家里做客。跟近百年后郑光美的遭遇如出一辙，戴维在这户人家里也是发现了一张黑白颜色的动物毛皮，而当地人口中的"花熊"或"白熊"在这位经验丰富的动植物学家眼中是一个科学界还不曾知晓的新物种。敏锐的洞察力加上执着的搜寻，4 月份，戴维从猎人手中获得了第一只成年大熊猫，并将它制成标本寄回了法国国家自然历史博物馆。博物学家鉴定后认为，它不是熊属，而是一个新属，于是将它命名为"大猫熊"。

至此，大熊猫这个物种正式被西方自然科学界发现，而这具目前还保存在法国国家自然历史博物馆的标本就成了大熊猫的"模式标本"，雅安宝兴成了大

四川蜂桶寨国家级自然保护区位于四川省宝兴县东北部，地处邛崃山西坡。这里是世界第一只大熊猫的科学发现地和第一只大熊猫模式标本产地。（庄朝阳／摄）

熊猫"模式标本"产地，1869 年也被公认为大熊猫物种的科学发现时间。

在发现大熊猫之前，戴维考察时曾经发现在北京南海子皇家猎苑中圈养的"四不像"麋鹿，并首次将它介绍给西方科学界。从麋鹿学名 Elaphurus davidianus 和英文俗名 Père David's Deer 中，都能看到这位发现人的痕迹。

小贴士
**模式标本**

动植物新种（或新亚种、新变种）原始记载和订名所依据的标本。本文中指 1869 年阿尔芒·戴维在四川宝兴采得并寄往法国国家自然历史博物馆的那具雌性大熊猫标本。

# 大熊猫、小熊猫和棕熊的关系

大熊猫，作为中国特有物种，是中国的国宝，如今也是全世界动物保护的标志性物种之一。然而，它的生存并非一直如今天这般备受世界关注。从第一次发现之后，直到 1961 年大熊猫"姬姬"成为世界野生动植物基金会（WWF）[1] 的标识图案，才引起全球对这一濒危物种[2]的关注。

十余年前我从事大熊猫饲养工作的时候，没有这么多人愿意了解和参与大熊猫研究保护的工作。游客们更在意的是"大熊猫为什么一直睡觉？""大熊猫

---

1　编者注："WWF"起初代表"World Wildlife Fund"——世界野生动植物基金会。1986年，WWF 认识到这个名字不能完全反映组织的活动，于是改名为"World Wide Fund For Nature"——世界自然基金会。不过美国和加拿大仍然保留了原来的名字。

2　编者注：截至 2025 年，中国进行过 4 次全国大熊猫调查。1974 ~ 1977 年全国第一次大熊猫调查，野生大熊猫仅有 2 459 只；1985 ~ 1988 年全国第二次大熊猫调查，野生大熊猫数量骤降至 1 114 只；1999 ~ 2003 年全国第三次大熊猫调查，野生大熊猫数量增长至 1 596 只；2011 ~ 2014 年全国第四次大熊猫调查，野生大熊猫数量继续增长，为 1 864 只。

看到游客来了就不能动一下吗？""大熊猫凭什么是国宝？"随着科普教育的推广，越来越多喜爱大熊猫的游客、志愿者加入进来，通过分享、宣传，唤起全社会对大熊猫保护事业的关注与支持。大家渐渐开始关心"大熊猫都喜欢吃什么？""大熊猫喜欢哪些不同的丰容？""我们如何保护大熊猫？"……通过数十年的努力，包括建立自然保护区、大熊猫国家公园，开展禁伐和竹林保护工作等，野生大熊猫种群数量逐渐恢复。根据 2024 年 11 月国家林业和草原局公布的数据，野生大熊猫种群数量增至近 1 900 只，全球大熊猫圈养种群数量为 757 只，它们生活在各大动物园或研究基地中，为保护与繁育研究做出贡献。

说起大熊猫、小熊猫和棕熊，这三种动物之间关系复杂，在演化生物学上具有重要研究价值。尽管名字中有相似的"熊"或"熊猫"字样，但它们在基因、生态习性、分布及食性上都有显著差异。

## 名称与英文名的由来

小熊猫（Red Panda）的名字早于大熊猫。在1869年戴维首次发现大熊猫之前，小熊猫就被称为"Panda"。这个名称源自尼泊尔语中的"ponya"，意为"吃竹子的动物"。戴维发现大熊猫后，科学界为了区分两者，给新发现的物种取名"Giant Panda"。由于大熊猫体形更大，也更广为人知，"Panda"逐渐成了大熊猫的代名词，小熊猫的英文名则被修改为"Red Panda"。

## DNA 亲缘关系

### 大熊猫
*Ailuropoda melanoleuca*

大熊猫属于熊科，大熊猫属是熊科中最早分化出的一个独立属，在约2 500万～1 800万年前与其他熊类（如棕熊、黑熊）分道扬镳。尽管大熊猫在外形和体形上与其他熊类相似，但这些相似性主要源于共同祖先遗传。

大熊猫。（庄朝阳／摄）

小熊猫。（视觉中国／供图）

## 小熊猫
## *Ailurus fulgens*

　　小熊猫属于小熊猫科，与大熊猫的亲缘关系非常遥远。虽然两者都以竹子为食，但这是典型的趋同进化结果。

## 棕熊
## Ursus arctos

　　棕熊与大熊猫同属熊科，彼此间具有明确的亲缘关系，但分别沿着不同的演化路径发展。有观点认为，大熊猫因为长期以竹子为食，头骨和牙齿高度特化；棕熊则保留杂食性特性，头骨形态更接近熊科祖先。

棕熊。（视觉中国／供图）

大熊猫饲养笔记：从吃竹子到"黑白配"的科学

*趋同进化*

----

　　趋同进化是指在系统发育上不相关的生物类群中，面对相似的生态压力或功能需求，通过独立演化过程形成形态或功能上的相似特征。这些相似性并不来源于共同祖先，而是生态选择的结果。例如，大熊猫与小熊猫虽然属于不同科，却都进化出了适合抓握竹子的"伪拇指"结构，这是典型的趋同进化。

----

## 习性和生态特征比较

| 类别 | 习性 | 生活环境 | 海拔范围 | 食物种类 |
|---|---|---|---|---|
| 大熊猫 | 习惯独居，低活动量 | 四川、陕西、甘肃的竹林 | 1 600 ~ 3 500米 | 竹子为主（占饮食的99%），偶尔捕食小型哺乳动物和鸟类 |
| 小熊猫 | 活跃，善攀爬，夜行动物 | 喜马拉雅山脉及周边森林 | 1 500 ~ 4 000米 | 竹子为主，还会食用水果、小昆虫。偶尔捕食小型动物 |
| 棕熊 | 活动范围大，有杂食性 | 森林、草原及苔原环境，分布广泛 | 0 ~ 5 000米 | 肉食为主，也吃浆果和植物根茎 |

大熊猫的成功保护得益于国际合作与研究，但野生大熊猫种群仍然面临栖息地破碎化和遗传多样性下降的威胁。小熊猫的状况更为危急，因其分布范围小、种群数量少，已经被列为濒危物种。至于棕熊，某些种群受到捕猎和栖息地丧失的影响，保护压力也在增加。

　　通过对这三种动物的深入研究，我们不仅加深了对地球生物多样性的理解，也进一步明确了保护生态环境的重要性。我们的责任不仅是保护某一种动物，更在于保护全球生态系统的平衡。

# 03

## 大熊猫的黑白配色，不止萌，更暗藏玄机

大家对大熊猫的样子再熟悉不过了，尤其是它黑白相间的毛发颜色：黑眼圈，黑耳朵，黑色的四肢，白色的身体，辨识度非常高。不要高兴得太早，你真的对大熊猫了如指掌吗？我来考考你（答案在本章最后，不要偷看哦）：

1. 大熊猫的两个胳膊（前肢）的黑色区域是连在一起的吗？两条腿（后肢）的黑色区域是连在一起的吗？

2. 大熊猫的尾巴是黑色还是白色？尾巴有多长？

3. 大熊猫的胸部是黑色还是白色？

4. 大熊猫刚出生的时候是黑白两色的吗？

5. 大熊猫黑色毛发部分的皮肤是黑色的吗？

如果这些问题你都能正确回答出来，那么恭喜你，你是一名合格的熊猫迷。

认熊猫是饲养员的基本技能，就好像一名老师，得分清班上的每个同学。接下来，我们升级一下难度。如果下面这道题你还能答对，那么恭喜你，你是一名资深熊猫迷！除了七仔（七仔的颜色实在是太特殊了），你能分辨出不同的大熊猫吗？请连线——

（庄朝阳/摄）　　　（庄朝阳/摄）　　　（胖达达肉滚滚/摄）　　　（庄朝阳/摄）

香果　　　　　小将　　　　　和花　　　　　奇一

仔细观察，我们其实可以看出每只大熊猫的脸形都是有些许不同的，比如香果是非常标准的圆形；小将的脸形则没有那么圆，像是多边形；和花是胖梨形脸，或者说"蓬蓬脸"；奇一的脸形像一颗水蜜桃，头顶有一撮尖尖的"呆毛"。

再来看耳朵。大部分大熊猫的耳朵是半圆形的，但也有一些与众不同的。最有特点的是小丫，有一段时间，它耳朵上的毛是炸开的，像扎了两个小辫；雅竹的耳朵比较大；和花的耳朵则是小小的，耳朵间距比较大，看上去特别乖。

小丫（地主家的小胖墩／摄）　雅竹（庄朝阳／摄）　　和花（庄朝阳／摄）

还有黑眼圈。大熊猫的黑眼圈也有不同形状：润玥的黑眼圈下部向外翘起，整体像一只翘着尾巴的小鸟；北辰的黑眼圈是很直的长椭圆形；和花的黑眼圈是上宽下窄的水滴形；萌二的黑眼圈轮廓有点弯，像一对小括号。

润玥（JINNA HONG／摄）　北辰（庄朝阳／摄）　　和花（庄朝阳／摄）　　萌二（庄朝阳／摄）

不过，这是以人的视角去区分大熊猫，因为我们人类识别同类主要是看脸。那么大熊猫之间也是看脸的吗？你还别说，大熊猫和同类交流时还真会看脸，主要是耳朵和黑眼圈。这究竟是怎么回事？

关于大熊猫的黑眼圈和全身黑白分明的毛发，科学家做了不少研究。虽然有些观点还等待进一步论证，但仍然很有意思。

科学家提出了很多假设：

（1）黑白相间是一种警戒色，以宣告自己战斗力很强；

（2）白色的皮毛是为了帮助大熊猫隐藏在雪地里；

（3）黑色的毛发是为了在寒冷的环境中吸收和保存热量；

（4）大熊猫脸上的黑白色调主要是为了同类之间传递信息，进行交流。

另外，关于大熊猫黑眼圈的作用，有人提出是为了减弱刺眼的阳光，也有人认为是为了模糊眼睛原本的轮廓。

有科学家对这些假设做了研究和分析，结果发现大熊猫身上不同位置的色块有不同的作用：脸部、背部、腹部和臀部的白色是为了更好地隐藏于雪地中——大熊猫的生存环境中，冬季可能会下雪；四肢的黑色是为了更好地隐藏于阴影中——野生大熊猫栖息的山地竹林里光照斑驳，地面布满倒木、岩石和灌丛。

林间斑驳光影下，身上的黑色区域是一种保护色。（成都动物园 熊博/摄）

为什么它既要隐身于雪地中，又要隐身于阴影中呢？因为大熊猫一年四季都在活动，它们不冬眠，而且因为竹子的热量低，它们一生中大部分时间都在觅食，一年当中要经历茂密的树林和高山雪地等不同的环境。但是大熊猫不换毛，不像北极狐那样有雪白的冬毛和灰黑色的夏毛，所以干脆就进化出黑白相间的毛发，一次性满足一年四季的要求，达到在野外隐藏自己的目的。

　　不过这个研究当中，大熊猫白躯干、黑四肢的"隐身"作用是基于人类的视觉来做判断的，我们并不清楚在其他动物的眼中，大熊猫是什么样子，是否能很好地藏身于雪地和林中。要知道，虎、豹等猫科动物以及豺等犬科动物的视觉系统跟我们是不同的，它们看到的颜色并没有人类看到的那么鲜艳明亮。

　　后来有科学家用计算机模拟猫科动物（以猫为例）和犬科动物（以狗为例）的视觉系统，通过"电子猫狗的眼睛"来看在野外拍到的大熊猫的照片，发现在这些动物的眼中，大熊猫黑白分明的颜色并不是那么显眼：白色的部分能很好地和植物的枝叶（枝叶在强烈阳光照射下会反光）、地上的积雪（下雪的时候）

融合在一起，黑色的部分能和树干及阴影融为一体。

另外，当距离比较远的时候，大熊猫的轮廓模糊了起来，也就是说大熊猫的黑白配色还是一种"混隐色"。尤其是当距离超过50米的时候，混隐色效果大增，甚至完全打破大熊猫本来的身体边缘。这个研究就更进一步证实了大熊猫的黑白配色具有隐身于环境、保护自己的作用。

再说回大熊猫的黑耳朵和黑眼圈。这两个区域的黑色毛发并不是为了隐藏自己，而是另有用途。有科学家用两只大熊猫幼崽做实验，发现它们能辨认出跟大熊猫黑眼圈相似的一对椭圆形，并且能辨别出形状有细微差别的几对椭圆形。前文列举了不同大熊猫的黑眼圈形状不一样，不过有些区别太小了，我们人类不容易用肉眼辨别，大熊猫却可以。所以大熊猫的黑眼圈可能是它们之间用来互相识别的一个特征。

也有研究认为，大熊猫盯着另一只大熊

**小贴士**
*混隐色*

动物身上对比明显的斑块能破坏身体本来的轮廓，产生虚假的轮廓，这样就会妨碍捕食者探测猎物身体的真实轮廓。

大熊猫星秋："有时候我会偷偷想象，没有了黑眼圈会是什么模样。"（庄朝阳/摄）

猫是一种警告、威胁的行为，黑眼圈可以把它的眼睛放大数倍，也就增加了这种威胁的强度。

而黑耳朵有可能是向天敌发出警告，说明自己不是那么好惹的，你来吃我可没有什么胜算；也有可能是向同类发出攻击信号——大熊猫在盯着另一只大熊猫的时候，会放低脖子，把耳朵更好地展示出来，再加上一对黑眼圈，就好像有两对眼睛在盯着对方，这样也加强了威慑力。

怎么样，是不是没想到对比如此鲜明的黑白配色背后还有如此多的奥秘？这些都是大熊猫令人惊叹的生存智慧。

# 大熊猫的毛摸起来是什么手感

　　与大熊猫共度的时光总是愉快的。作为一名饲养员，每天与这些黑白分明的萌物相处，能发现许多有趣的细节和知识。

　　成年大熊猫的毛发可以长到 10 厘米左右，而且身上的毛层特别厚。每次摸到大熊猫的毛发，我都觉得摸上去并不像看起来那样柔软。实际上，大熊猫的外层毛发比较粗糙，内层才是比较柔软的绒毛。野外的它们生活在中高海拔地区，为了抵御寒冷，这种厚实的毛发可以起到保暖的作用。此外，大熊猫毛发的表面还富含油脂，具有一定的防水功能，能帮助大熊猫保持毛皮干燥。

　　大熊猫的白色毛发并没有我们想象中那么纯白，颜色更接近于象牙白，甚至有些偏黄。这种颜色变化其实是非常自然的，因为它们在野外或户外活动时会接触到泥土和植物，时间一长，毛发上就会染上这些

大熊猫的毛发。（视觉中国/供图）

大熊猫白色区域的毛发，也会有丰富的色彩渐变。（成都动物园 熊博/摄）

夏天享受凉爽水池的大熊猫。（成都动物园 康慧 / 摄）

颜色。此外，成年个体经历日晒、皮脂氧化后，毛干外层会进一步"发黄"，虽然看起来有点脏兮兮的，但并不会影响它们的健康和生活。

不少人以为大熊猫不喜欢亲近水，其实不然。通常我们每天都会清理大熊猫园舍的水池，之后再注水。有的大熊猫看到水流总是挺兴奋，常常会跑过去用爪子拍打出水口，有时候也会在水中嬉戏玩耍。也许你会好奇，它们是在洗澡吗？

其实，大熊猫的"洗澡"行为更可能是为了降温或者是玩水。不像某些动物用水进行清洁，大熊猫更多是泥浴或沙浴，用摩擦打滚的方式来进行自我清洁。

第一题答案：

1. 大熊猫前肢的黑色区域是从肩部连贯在一起的，后肢的黑色毛发则不相连。
2. 大熊猫的尾巴是白色的，尾巴长度12～14厘米。
3. 大熊猫的胸部是黑色的。
4. 大熊猫刚出生时是粉色的，身上长有稀疏的白毛。
5. 大熊猫在出生后的一周左右，黑色毛发的部分会有黑色素沉淀，皮肤就呈现出黑色，这是为长出黑色毛发做准备。长出黑毛后，黑毛区域的皮肤会持续呈深色，而白毛区域的皮肤则依旧保持粉色。

第二题答案：

| 和花 | 奇一 | 香果 | 小将 |

# 04

## 棕白色大熊猫是生着生着"没墨"了吗

    有人打趣说，黑白配色让大熊猫一辈子只能拍出黑白照片。然而凡事都有特例，大熊猫也是，七仔就是那只"能拍出彩色照片"的特例。

    2009 年 11 月，一只刚出生没多久，眼睛没睁开也不会爬的大熊猫幼崽被人在陕西佛坪国家级自然保护区发现。惊人的是，这只幼崽的毛发是罕见的棕白色。随后，它被送到陕西省珍稀野生动物抢救饲养研究中心，它就是七仔。关于"七仔"这个名字，有人说是因为它长得像电影《长江七号》里的外星来客七仔而得名，也有人说因为它是科学史记录的第七只棕白色大熊猫。

    是的，七仔并不是唯一一只棕白色的大熊猫，也不是第一只。早在 1985 年 3 月，北京大学的熊猫专家潘文石教授及其团队在陕西佛坪国家级自然保护区

被戏称为"巧克力熊"的七仔。（庄朝阳／摄）

发现了第一只棕白色大熊猫。人们发现它的时候，它正趴在地上一动不动，身上本该是黑色的地方却是棕红色，在阳光的照耀下愈发特别。

潘文石教授仔细观察这只特殊的大熊猫，发现它十分消瘦，身体旁边的粪便里还有带血的黑色黏液。潘教授判断它是生病了，随即展开了救治。

潘教授为它取名"丹丹"，"丹"与"单"谐音，意为独特，也表示它的毛发发红。丹丹的发现立刻引发国内外媒体争相报道。丹丹后来被送往西安动物园，一直生活到 2000 年 9 月 7 日因为衰老和癌症死亡，活到约 29 岁，这在大熊猫届也算高寿了。

后来，人们发现了更多的棕白色大熊猫。1991 年，同样是在陕西佛坪国家级自然保护区，工作人员看到一只黑白成年大熊猫带着一只约 1 岁的棕白色幼崽；1992 年，科研人员在陕西长青国家级自然保护区救治了一只雌性棕白色成年大熊猫，康复后，它被戴上无线电颈圈放归到野外；1993 年，佛坪国家级自然保护区的科研人员在秦岭南坡的野猪档发现一只棕白色的大熊猫和其他两只黑白色大熊猫为争夺配偶而打架；2000 年，佛坪自然保护区的 6 名村民发现了一只棕白色的大熊猫从田边路过；2005 年，佛坪国家级自然保护区的工作人员在一个石洞中发现一只棕白色的大熊猫正在为幼崽哺乳。

接下来就是七仔。其实在七仔之后还有几次野生棕白色大熊猫的记录，它们都是被红外相机拍下来的。2013 年 1 月 22 日，陕西黄柏塬国家级自然保护区内安装的红外相机拍到了一只棕白色的大熊猫，它还好奇地打量了红外相机一番。2018 年 3 月，陕西长青国家级自然保护区内的红外相机记录到一只健康的成年棕白色大熊猫，共拍摄到 3 张照片和一段 10 秒钟的视频。2021 年 4 月 16 日和 4 月 30 日，陕西周至国家级自然保护区内的红外相机都拍到了同一只棕白色大熊猫。2024 年 1 月 17 日，陕西长青国家级自然保护区内再次拍到棕白色大熊猫，这是秦岭地区第 11 次发现棕白色大熊猫。

自第一只棕白色大熊猫丹丹被发现，人们就一直想弄清楚它独特毛色背后的秘密。丹丹在西安动物园曾经与名叫"弯弯"的雄性大熊猫喜结良缘，不幸的是，1988 年它第一次生下的两只幼崽都没能成活。大约一年后，丹丹又生了一个宝宝，在人们的精心照料下，存活下来，取名"秦秦"[1]。

你一定很好奇丹丹的孩子会是什么颜色，黑色毛发区域也会是同样的棕红色吗？还是颜色更浅一些的棕色？又或者是其他的颜色？答案可能会让你失望了——是黑白色。

科学家做出了几种推测：

第一，出现棕白色是基因突变的结果。就像小龙虾偶尔会出现蓝色或者橙色的个体，就是基因突变造

---

1　编者注：秦秦已在 2006 年 11 月去世。

成的。

第二，返祖说。认为棕色体毛是一种原始的性状，这是一种返祖现象。

第三，环境影响导致的——既然只在秦岭地区发现棕白色大熊猫，那是不是因为秦岭土壤和水等环境里的微量元素含量异常，进而影响到大熊猫毛发中黑色素的形成呢？如果是这样的话，那秦岭就应该会有从黑到棕的各种过渡色，但迄今为止还没有发现。

第四，隐性基因纯合。遗传学中，假设用 A 来表示显性基因，a 表示隐性基因，如果父母双方的基因型都是 Aa（隐性基因携带者），那么生出来的孩子就有四分之一的概率是 aa。

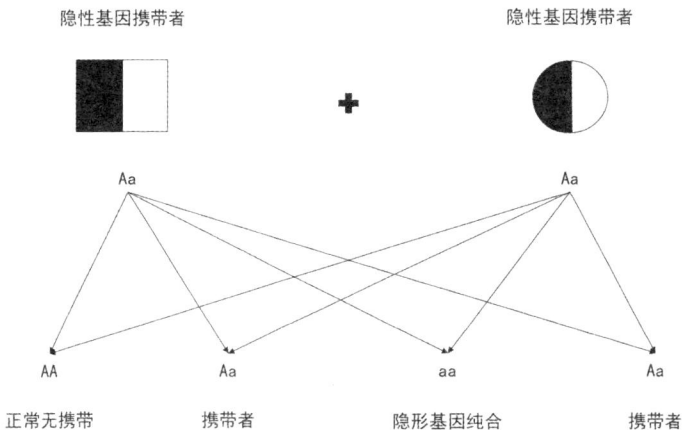

隐性基因携带者　　　　　　　　隐性基因携带者

＋

Aa　　　　　　　　　　　　　　Aa

AA　　　　　Aa　　　　　aa　　　　　Aa

正常无携带　　　携带者　　　隐形基因纯合　　　携带者

虽然学界很早就有了各种推测和假说，但苦于没有翔实的证据。直到 2024 年 3 月 4 日，中国科学院动物学研究所魏辅文院士、胡义波研究员等在《美国国家科学院院刊》上发表了一篇论文，揭示了七仔棕白色毛发背后的秘密。

魏辅文院士，人称"熊猫院士"，是我国大熊猫研究的先驱与奠基人——胡锦矗的学生，从 20 世纪 80 年代开始就一直在野外研究大熊猫，揭开了许多大熊猫身上的谜团，也为大熊猫保护做出了突出贡献。

魏辅文院士的研究对 3 个大熊猫家庭以及其他 29 只大熊猫进行了基因组分析。这 3 个大熊猫家庭分别是七仔和它的父母喜悦、姐姐（这个亲子关系也是在同一个研究中确认的，七仔的父亲喜悦是魏辅文院士团队第一只跟踪监测的野生大熊猫）；七仔和它的伴侣珠珠及孩子秦华；还有丹丹、弯弯和秦秦。根据谱系，发现棕白色毛发是常染色体隐性遗传的结果。

在更早的研究中，已经证实 Bace2 基因是与脊椎动物的色素沉着相关的基因。在七仔和丹丹的 Bace2 基因上，研究者发现缺失了 25 个碱基对，这就导致其正常功能的丧失。研究中也确实发现棕色毛发中的黑

## 小贴士
### 谱系

素体（黑色素细胞中的色素颗粒）比黑色毛发中的少
22%，而且比黑色毛发中的小55%——黑素体成熟受阻
→ 黑色素变少、颗粒变小 → 体毛从黑转棕，这就是七
仔、丹丹等棕白色大熊猫毛色形成的分子根本原因。

这样说来，"棕白色大熊猫是熊猫妈妈生着生着
没墨了"还真不是大家开玩笑，如果把黑素体比作墨
水，丹丹和七仔的"墨水"可不是比其他大熊猫少嘛。

根据上文的说明图，如果把这个正常的 *Bace2* 基
因记为 B（显性基因），缺失了 25 个碱基对的突变
*Bace2* 基因记为 b（隐性基因），那么七仔和丹丹的
基因型都是 bb（隐性纯合子），只有隐性纯合子会

表现出棕白色。考考大家，七仔的父母及孩子，还有丹丹孩子的基因型是什么？这个答案是肯定的，都是Bb（杂合子），而Bb仍然是黑白色。

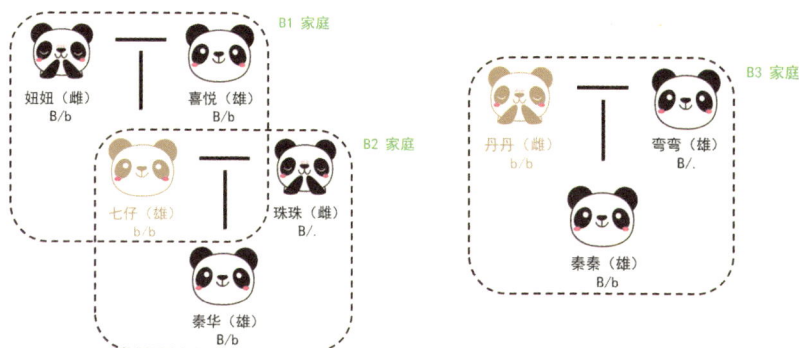

为了进一步证实这个推论，研究团队还对其他192只黑白色大熊猫进行了基因测序，结果发现没有一只是bb（而且只有4只秦岭地区的大熊猫以及秦华是杂合子，携带有这种突变基因b）。

丹丹和七仔的生长和繁殖都是正常的，目前还没有发现这种突变对大熊猫有什么危害。不过Bace2基因已经确认与阿尔茨海默病有关，未来，科学家也会进一步研究这种突变导致棕色毛发的内在机制以及对大熊猫生理功能的影响。希望七仔和其他棕白色大熊猫一直健健康康、平平安安。

# 七仔和它的萌熊伙伴

　　作为一名科普讲师，我常常带队前往全国各地的大熊猫保护中心。而一次秦岭之行，让我遇见了一位与众不同的"明星"——棕白色大熊猫七仔。这次相遇让我深深体会到了自然界的奇妙与多样性。

　　七仔是目前世界上唯一一只存活的圈养棕白色大熊猫，独特的毛色使它成了科研界和公众关注的焦点，为科学家研究大熊猫的遗传多样性和进化史提供了宝贵资料，或许能揭示更多大熊猫的奥秘，为物种保护和遗传学研究做出贡献。

　　在跟楼观台国家森林公园的科研人员交流中我了解到，七仔性格上与其他大熊猫并没有太大区别。人工育幼长大的它，对人类友好，喜欢和饲养员互动。许多游客慕名而来，很大程度上提高了保护区的知名度。

　　大熊猫主要分布在中国的秦岭、岷山、邛崃山、大相岭、小相岭及凉山六大山系。根据地理分布和形态特征的不同,大熊猫被划分为两个种群:秦岭的大熊猫和四川的大熊猫。

七仔属于秦岭的大熊猫。下面我们来聊聊秦岭的大熊猫与四川的大熊猫有什么区别。

毛色方面,秦岭的大熊猫有时会出现棕白色毛发的个体,而四川的大熊猫则是黑白相间的经典配色。

从外貌特征来看,秦岭的大熊猫体形略小,头形圆润、短吻平直,脸部轮廓显得比较"猫样"或"圆润";而四川的大熊猫鼻梁略微隆起,与熊更相似。

地理位置和气候条件的差异,也使得它们在生态适应和行为习性上存在一定的区别,比如秦岭的雌性大熊猫产崽多选择山谷石洞或枯树洞,洞口开阔度小,有利于避开金猫等捕食者;四川的雌性大熊猫更常利用高大空心树或岩缝。

秦岭的大熊猫（成都动物园 熊博／摄）

四川的大熊猫代表萌二（庄朝阳／摄）

人工圈养的大熊猫有一些很有趣的小故事。除了独一无二的七仔，它的各位萌熊伙伴也值得了解。

**和花、和叶：** 2020年7月4日，这对双胞胎出生在成都大熊猫繁育研究基地，一直被认为是一对大熊猫"姐弟"。2024年1月24日，经专家鉴定，以前被当作"男熊"的和叶其实是女孩，这是一对姐妹花。原来，圈养野生动物在初生时，通常都是以第二性征或外露的雌雄生殖器官形态的差异来识别性别。大熊猫的性别特征很难分辨雌雄，造成了这个有趣的误会。对了，2024年4月，和花担任成都文旅荣誉局长，让我们恭喜这位杰出的熊猫！

和叶（JINNA HONG/摄）

和花（庄朝阳/摄）

**盼盼：**盼盼出生于 1985 年，2016 年去世，是全球最长寿的雄性大熊猫之一。它是中国大熊猫保护研究中心的功勋大熊猫，现存血缘后代 130 多只，被誉为"英雄父亲"。

**菊笑和"萌帅酷"：**2014 年 7 月 29 日，来自卧龙的雌性大熊猫菊笑在广州长隆野生动物世界顺产全球唯一全部存活的三胞胎——萌萌、帅帅、酷酷，被誉为"奇迹三胞胎"！熊猫三姐弟性格迥异：文静敏感的萌萌姐姐喜欢睡在树杈上；大胆健壮的帅帅弟弟是"肌肉小子"，最爱吃窝窝头和竹笋；最小的酷酷弟弟幼时非常淘气，长大后成了吃得最多的"小吃货"。它们的存活刷新了大熊猫繁育纪录，为大熊猫在亚热带地区迁地保育工作提供了重要技术依据，同时也为研究同胎个体之间的差异提供了珍贵样本，成为连接科研、保育与公众教育的明星熊猫家族。

酷酷（庄朝阳／摄）

帅帅（庄朝阳／摄）

萌萌。2024 年 6 月 18 日顺利
当上妈妈，生下"小公主"
妹珠。（海南岛主／摄）

**奥莉奥：**它出生在2012年伦敦奥运会开幕当天，被称为"奥运宝宝"，也是成都大熊猫繁育研究基地首次面向全球网络投票征名的中国本土熊猫。当时征名活动收到约89万人次的投票，征集到8 000多个名字，最终，"Oreo（奥利奥）"这个名字总票数位列第一。因为它的妈妈叫"莉莉"，中文名正式被定为"奥莉奥"。

其实，每一只大熊猫都是独特的生命个体，各有各的可爱："最不挑食"的囡囡、"大美熊"飞云、"人教版小熊"萌二、靠"抱大腿"火遍全网的奇一、16 ：9宽屏脸的梅兰、爱练瑜伽的雅一、"暖男"渝可和"小辣椒"渝爱兄妹……每个人的心中，都有一只最喜欢的熊猫。

# 05

## 竹子是标配，加餐更美味
## ——大熊猫的营养食谱

　　大熊猫以竹子为主食，虽然看起来愿意选择的竹子种类很多，但实际对主食竹子的种类选择性很强。目前，已记录野生大熊猫食用的竹子种类超过 60 种，喜欢吃的约25～30种，包括冷箭竹、白夹竹、拐棍竹、箬竹、刺竹、苦竹、八月竹、巴山木竹等（不同山系的大熊猫主食竹类不同），并根据季节迁移到不同海拔以获取新笋、嫩叶或竹杆，以确保每个季节都有丰茂的竹子可以大饱口福。

　　竹杆、竹叶、竹笋，大熊猫最喜欢吃竹子的哪部分呢？如果三选一，人类肯定会选择鲜美多汁的竹笋，大熊猫也一样，竹笋排在它们的美食榜榜首。竹笋中的粗蛋白含量明显高于竹子的其他部位，竹子的叶、杆在营养价值上依次降低。但是自然界中，竹笋并不是时刻都有的，只有在春夏季节才能吃个痛快。到了秋天，熊猫以竹叶为主食，冬天则主要靠吃竹杆。从营养成分来看，竹子确实可以为大熊猫提供蛋白质、脂肪、糖类、矿物质和维生素，但因大熊猫独特的消化营养方式，使它们只消化和吸收竹子细胞内含物和部分半纤维素，对竹子的消化利用率很低。它们需要多吃、快速排泄且少运动，以维持正常的生长发育和日常消耗。野生大熊猫一天通常要花 16 个小时以上的时间进食，圈养大熊猫每天也需要 8 ~ 10 小时来进食竹子，其余时间用于睡觉、玩耍和休息等。

经常有人好奇，那些旅居海外的大熊猫，是不是天天吃着从四川空运过去的新鲜竹子？大熊猫是咱们的国宝，但竹子并不是中国特有的植物。竹子是禾本科竹亚科植物的统称，全球已知 1 200 多种，主要分布在地球上北纬 46° 至南纬 47° 之间的热带、亚热带和暖温带地区。大部分大熊猫旅居的欧美国家都逐渐发展出了成熟的产业链为本国或邻国的大熊猫提供当地种植的竹子。比如，比利时天堂动物园的大熊猫，竹子供给来自法国；荷兰企业 Bamboo Giant 种植的竹子就有源自中国的品种，它向荷兰动物园提供第一批竹子的时候，还会选择多个品种一起送去试吃，再

经过严格检测的新鲜竹子和嫩笋、大熊猫爱吃的苹果和窝窝头……每只大熊猫都有自己的个性化配餐。（成都动物园 熊博／摄）

根据大熊猫的口味偏好，多种些它们喜欢的品种——这种顾客至上的服务品质真是堪称一流！

　　成年大熊猫食量巨大，一天需要食用 10 ～ 15 千克的竹子，而投喂量还要大于食用量，一只圈养成年大熊猫一天需要投喂 20 ～ 30 千克竹子以保证挑选富余。而且大熊猫对于食物新鲜度的要求很高，意味着不能靠一次大量运输来降低成本。那有没有不差钱的地方，就是想一掷千金为熊猫提供来自家乡的味道呢？有的，比如卡塔尔豪尔熊猫馆每周都会从四川空运至少 800 千克鲜竹子，其采集、加工和运输都有严格的要求。而国内负责采集新鲜竹子的工作人员，会将刚采回来的竹子立即运输至 4℃左右的冷库中进行保存，经过人工拣选、清洗并整理成标准规格，装进带有冰袋的纸箱；若是竹笋，装箱前还要真空塑封，之后在海关的严格监管下送至海外。从采集到"上餐桌"，通常只需要 2 ～ 3 天。

　　圈养大熊猫因为有了人类的照顾，食谱更加丰富，除了新鲜的竹子管够，还有饲养员精心准备的各种加餐，其中苹果、窝窝头和盆盆奶都是熊猫爱好者耳熟能详的。

大熊猫饲养员会利用窝窝头、苹果进行"食物丰容"互动（丰容定义请见本书P114）。饲养员手拿一根小棍，小棍一头戳上一块窝窝头——窝窝头由玉米、大豆、大米、燕麦、小麦等谷物混合维生素与微量元素制作而成，营养丰富味道好。大熊猫在饲养员的呼唤声中雀跃而来，时不时直立起身子，伸手、伸嘴去够窝窝头。喂完窝窝头，饲养员还会再喂一轮苹果。饲养员投喂时，经常是小棍还没伸到位，"小馋猫"们就迫不及待地"站高高"来争取食物，同时也锻炼了后肢力量。

吃饭锻炼两不误的梅兰。（庄朝阳/摄）

排排坐，吃窝窝头。（庄朝阳／摄）

对于 1 岁半以下的幼年大熊猫，盆盆奶是它们断奶前绝对的心头好。熊猫幼崽在出生时体形很小，需要通过长时间的母乳喂养来获得足够的营养和免疫保护。如果熊猫妈妈的奶水不够充足，饲养员就会根据熊猫宝宝的身体状况，用婴儿奶粉和动物奶粉配比冲泡盆盆奶，里面通常还会加入有助于生长的微量元素。因此在圈舍里常常会出现这样一幕：一排盆盆奶，一排熊猫崽，大口喝奶好欢快。

另外，盆盆奶不只是熊猫宝宝的专属美味，饲养员也常常把盆盆奶作为转移熊猫妈妈注意力的绝佳道具。趁着熊猫妈妈被盆盆奶吸引、奔赴盆盆奶的空档，饲养员快速"偷"走它的幼崽，进行测量和生长记录等工作。所以盆盆奶也被戏称为"忘崽牛奶"。

在人类的守护下，圈养大熊猫得到了充足的食物保障。希望它们能在"吃好喝好"中快乐、健康地生活下去。

# 动物园熊猫厨房大揭秘!

作为一名曾经与大熊猫朝夕相处的饲养员,我每天的工作除了照顾它们的生活起居外,最重要的任务之一就是精心准备它们的"豪华大餐"。在动物园里,它们的饮食融入了更多丰富的食材:除了竹笋、竹杆和竹叶外,还包括窝窝头、胡萝卜、苹果、南瓜等,甚至还有"甜点"般的特别蔬果。为什么我们要为大熊猫设计如此复杂的食谱呢?

## 竹子虽是主食,但不够完美

很多人以为,大熊猫每天吃竹子就能满足所有营养需求,其实不然。竹子是低营养食物,同时大熊猫的消化系统仍保留着典型的食肉动物特征——既没有大容量的胃和盲肠来提供消化发酵的空间,又缺乏消化纤维素的酶，这使得它们对竹子的消化利用率不足17%。正因如此，它们需要更长的进食时间和更多的食量来获得足够的能量和营养。在野外，大熊猫有时也会捡食一些被其他食肉动物猎杀或因环境死亡的小动物，甚至有部分观察记录显示，有的大熊猫偶尔会舔食岩壁——科学家推测这可能有助于获取岩石表面附着的矿物质。所以，圈养环境下，我们需要通过其他食物为它们补充必要的营养。

此外，在不同的季节，竹子的供应也有差异。春天和夏天竹笋最为丰富，而到了秋冬季，竹叶和竹杆逐渐成为主食。不同地域的大熊猫对竹子的种类也有一定的偏好，四川的大熊猫通常喜欢刺竹、冷箭竹、玉山竹等，而秦岭的大熊猫则更偏向于采食华桔竹、巴山木竹等。在这种情况下，我们必须通过科学规划食物搭配，确保圈养大熊猫能够全面摄取营养。

## 窝窝头：饲养员的"秘密武器"

提到大熊猫的食谱，许多人对"窝窝头"并不陌生。

这并不是传统意义上的窝窝头，而是一种为大熊猫特别定制的、既有营养又容易消化的食品。

对于我们饲养员来说，窝窝头不仅是重要的食物补充品，也是重要的"丰容工具"。在喂食时，我们通常会把窝窝头放在不同栖架的高点，通过这种方式锻炼它们的攀爬能力和后肢力量。这种"食物丰容"常常引来游客的欢笑——看着这些胖乎乎的家伙努力去够食物，场面既让人忍俊不禁，又充满温馨。

## 甜食：大熊猫的"小确幸"

大熊猫和其他熊科动物一样，是"甜食控"。苹果、胡萝卜等食物，是它们平日里最喜爱的加餐。甜味的食物能给它们带来愉悦感，同时也可以快速补充能量。

甜食是大熊猫行为训练的重要帮手。当我们需要它们配合完成体检或其他医疗行为训练时，一块苹果往往比窝窝头更有吸引力。它们看到苹果，目光立马变得炯炯有神，积极性也随之提高。

和花幸福地享用苹果块。（庄朝阳／摄）

# 厨房揭秘：为熊猫健康"定制饮食"

　　动物园熊猫厨房的工作量远比外界想象的要大得多。每天一大早，我们的工作会从竹子的挑选开始，确保竹叶新鲜、竹笋脆嫩。除此之外，还需要准备窝窝头的原材料，并根据每只熊猫的体重和健康状态调整不同食物的分量和种类。

　　制作窝窝头也需要"精工细作"。蒸制的时间和温度必须精准控制，蒸得太软会影响口感，而蒸得不够则可能影响消化。除了窝窝头，苹果和胡萝卜也需要切成合适的大小。尤其是对于那些咀嚼能力较弱的熊猫幼崽或年长熊猫，我们会特别注意它们的饮食适配度。

　　我们还要根据季节变化调整食材的供应。在保证竹子不限量供应的基础上，窝窝头和苹果、胡萝卜等时令果蔬限量供应，品种根据季节进行微调，以保证营养来源更加科学和均衡。

大熊猫思念对水果大餐非常满意。（JINNA HONG/ 摄）

## 复杂食谱的背后：饲养员的心血与爱

　　复杂的食谱不只是为了让大熊猫吃得饱，更是为了让它们吃得健康、吃得开心。作为饲养员，我们每天观察它们的进食行为，记录每一只熊猫的进食情况。比如，有些熊猫喜欢苹果多于胡萝卜，有些熊猫则对窝窝头情有独钟，这些细节信息会体现在每一只大熊猫的个体记录中。而每一份食谱都会根据熊猫的年龄、体重、身体状况等量身定制，以保证每只大熊猫都能得到当前最适宜的食物。大熊猫是中国的国宝，但对于我们饲养员来说，它们更像是自己的家人。从每天为它们准备食物，到观察它们进食后的状态，每一个环节都充满了爱和责任。

当你下一次来到动物园，看到这些胖乎乎的家伙满足地啃着竹子、窝窝头或苹果时，希望你能感受到，这背后是无数饲养员默默付出的心血。每一口食物，都饱含着我们对它们的深深爱意。

# 06

## 生活状态好不好？屎尿屁里俱可考！
### ——大熊猫的粪便研究

    山地的竹林深处，大熊猫悠然度日。它们黑白分明的毛皮之下，有着许多不为人知的生活奥秘。从气味独特的粪便，到高难度的领地标记动作……大熊猫的屎尿屁里藏着很多秘密，值得我们关注与研究。

## 竹香"青团"，暗藏生命密码

    青团是江南地区的传统特色小吃，用艾草青色的汁拌进糯米粉里，再包裹馅料，带有悠长的清香。国宝大熊猫也盛产"青团"——它们的粪便带有竹子的清香，又是青绿的颜色，所以被人们戏称为"青团"。俗话说民以食为天，吃好很重要。大熊猫吃了什么，身体状况好不好……我们可以通过观察、检测、分析大熊猫的粪便得到很多隐藏的信息。

首先，我们来看看大熊猫粪便的外观。大熊猫的粪便是什么颜色取决于它们的主食。如果多为竹叶，粪便就是青绿色；多为竹杆，粪便就是黄绿色；多为竹笋，粪便就是淡黄色……除了观察粪便颜色，也可以从粪便里的植物残渣判断出这只大熊猫到底吃了啥，有经验的专家甚至可以通过显微技术检测残留的竹杆、竹叶组织分析出是什么竹子；并能够根据粪便的颜色、湿润度以及气味等信息判断出大概是多久之前留下的粪便。

其次，大熊猫的粪便真的带着竹子清香吗？大熊猫的消化道较短，食物在体内仅仅停留 8 ~ 12 小时，未经充分发酵便被排出。如果吃的多是竹叶，那么拉出来的新鲜粪便确实是有清香；如果吃的多是蛋白质含量更高的竹笋，即使在熊猫肠道里停留的时间不算长，也足够肠道微生物对其进行发酵了，拉出来的粪便还是挺臭的；如果吃的是窝窝头等调配好的精饲料，粪便闻起来会有微微的酸味。武汉动物园的科普长廊曾经将大熊猫的新鲜粪便放在透明盒子里展出，游客可以凑近盒子上的小孔亲自闻一闻气味。

再次，观察粪便的颜色、组成、咬节长度等，还能判断熊猫的健康状况、年龄甚至分辨个体。比如，要是粪便带有血迹，可能表示消化道内有损伤；要是粪便过稀不能成形，可能是肠道感染、消化不良或者寄生虫感染；还可以直接检查粪便中是否有寄生虫卵或病毒核酸，从而早预防早治疗……熊猫幼崽的粪便很好辨认，量少而且质地比较软，因为幼崽主要以母乳为食，粪便通常是黄色糊状的。

## 小贴士
### 咬节

大熊猫取食时用臼齿将竹茎咬成短节，竹节在胃肠中几乎不被消化，连同竹屑随着粪便排出，这些带有清晰齿痕的竹茎残段就称为"咬节"。咬节长度受口腔尺寸、咀嚼习惯和个体年龄共同影响——幼崽咬节常为 2 ~ 3 厘米、成年多为 3 ~ 4 厘米、老年可大于 4 厘米，因此在早期野外调查中，咬节被用来辅助推估年龄或识别个体；但后续研究指出，咬节长度与 2 岁及以上年龄段的相关性并非线性，需要与 DNA 检测、红外相机等手段结合使用。

咬节清晰的野外大熊猫粪便。（官天培／供图）　　野外大熊猫的粪便。（官天培／供图）

　　随着科技的进步，科研人员还可以对粪样中提取的 DNA 信息进行精细分析。样本量足够大之后，就能够初步判断当地野生大熊猫的数量、彼此之间的亲缘关系，以及这些大熊猫的性别比例等种群信息。由于野外大熊猫难以见到，科研人员依靠相对更容易发现的大熊猫粪便，通过科学检测手段进行检测分析，以获得较为充足的个体数据。

## 变废为宝：粪便也有新用途

据统计，成年大熊猫平均每天排便 100 ~ 150 团（食竹叶时日排粪率为 100 团左右，食竹杆时日排粪率为 120 团左右，食竹笋时日排粪率为 140 ~ 150 团），"日粪量"通常为 9 ~ 12 千克，极端情况下会逼近 20 千克——想想看，饲养员清理的工作量可真不小啊！

大熊猫粪便里含有大量未消化的竹纤维，这可是很不错的造纸原材料。大熊猫在肠道里先把竹子里的蛋白质和蔗糖等吸收掉，排出的粪便中几乎只剩下纤维素和半纤维素，这相当于给造纸原料做了一道天然"预处理"，省去了化学脱糖与洗涤工序，既节能又减排。大熊猫粪便通过严格的洗选、蒸煮、高温消毒等环节提炼出植物纤维，制作出的纸张色泽自然，纹理独特，质感柔软。中国大熊猫保护研究中心都江堰、卧龙、碧峰峡三大基地的大熊猫粪便都会被回收利用。

除了造纸，这些粪便还是优质的有机肥料。因为大熊猫消化吸收率很低，粪便中还留存了不少营养物质。四川雅安的农户用它种植茶叶，这就是独具特色的"熊猫茶"。

## 倒立撒尿：炫技圈地引异性

一只野生大熊猫踱步来到树边，先用鼻子仔细闻了闻树干底部，随后背向树干，前掌着地，后腿攀上树干，竟然以倒立的姿势完成了一次独特的撒尿"涂鸦"——这是甘肃白水江国家级自然保护区里的红外相机捕捉到的画面。这当然不是大熊猫的恶作剧，这只成年雄性大熊猫正在认真干着"熊生"大事——选择树干、岩石等显眼位置，通过倒立，将尿液喷洒到更高处，标记着自己的领地。倒立撒尿，堪称一绝，尿的落点越高，越能彰显熊猫的体形与实力，处处散发着"我可不好惹"的警示讯息。

到了发情季节，野生大熊猫肛周腺分泌的挥发性油脂物质更是熊猫间的"摩斯密码"，气味在山林中形成标记，悄无声息地构建起了独特的社交网络。雌性大熊猫用气味传递着"我准备好了"的信号，雄性大熊猫路过时便能从中读取信息。

了解一种动物，不仅可以从观察和接触动物本身入手，也可以通过红外相机记录它们的活动踪迹，用DNA检测技术去分析它们的粪便、尿样……这些不与野生动物直接接触便能获得有效信息的研究方式，能够最大程度地减少人类影响，保护野生动物——"不打扰"恰恰是我们人类的温柔。

# 大熊猫的"青团"会说话

作为一名饲养员,多年来我一直坚信,每一只大熊猫都有它独特的"语言"——那便是它们每天留下的各种生活痕迹。走进熊猫馆,第一件事不是进行烦琐的记录,而是仔细观察。

每天早晨都有例行的清扫工作。打扫圈舍虽然是最基本的任务,但对于我们饲养员来说,每一次的清扫不仅仅是为了卫生,还可以看到前一夜大熊猫留下的"青团",这些"青团"无声地透露着它们的身体状况和饮食习惯。

在一次清扫过程中,我发现一只平时活动规律的老年熊猫的粪便似乎稍显零乱,呈散团状,颜色有些暗淡。这种变化引起了我的注意。多年的饲养经验告诉我,这可能与它的进食情况或消化状态有关。为了弄清原因,我仔细观察了它一天内多次排泄的情况。原来,在前一天的食物中,我尝试为它更换了一种新

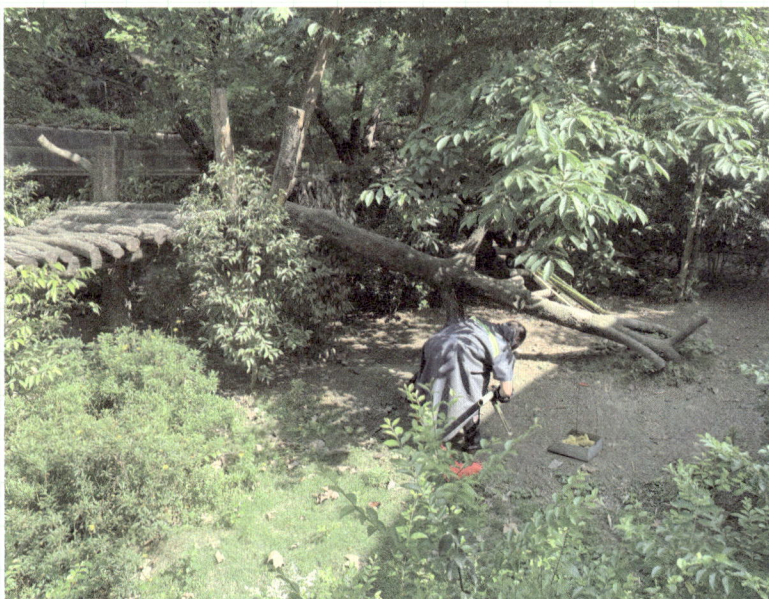

成都动物园饲养员卓小平打扫圈舍时观察"青团"的状态，这可是大熊猫饲养员的"基本功"。（成都动物园 熊博／摄）

鲜的竹叶。这种竹叶味道比较浓郁，纤维比较粗，而老年熊猫咬合力下降、臼齿磨损，导致咬节增大，"青团"难以压实成形。相比之下，其他圈舍里的成年熊猫则显示出截然不同的状态：它们的粪便呈成形、正常的"青团"状，仿佛在向我传递它们对新食物的适应和愉悦。

因为食物的变化，大熊猫的粪便每天都会有不同的变化，我们通常会对这些粪便的性状、颜色进行记录。当然，在这个过程中，我也不是孤单一人。一起工作的同事们总会在讨论中分享各自的观察和心得。大家常说，每一团"青团"都有自己的"故事"，只要你用心去看，它们就会告诉你一个个关于大熊猫健康状况、情绪和生活方式的小秘密。有一次，我们发现一只平时十分活跃的成年雄性大熊猫，排泄的粪便出现了细碎的裂纹和不寻常的形状，那段时间里的活动行为也有所减少。经过一番讨论和查证，大家一致认为这可能是它在进食过程中某个细节处理不当导致的，比如进食节奏过快、竹子部位单一、饮水不足等。我们随即调整了它饮食中竹叶与竹杆的比例，同时增加投喂次数并额外补水，加强对它日常活动的观察，最终不但改善了它的消化状况，也让它恢复了往日的活力。

在整个工作过程中，我总是以一种倾听的心态来对待每一个细节。每一次打扫、每一次记录、每一次与同事的讨论，都让我深刻体会到，熊猫的生活远不止是"吃、睡、排泄"那么简单。它们的每一个动作、产出的每一个"青团"，甚至每一滴看似普通的尿液，都在无声诉说着自己的健康状况和情绪状态。正因如此，我在工作之余常常感慨，饲养员这个职业不仅仅是照顾动物，更是一种与生命对话的艺术。

# 07

## 大熊猫体形那么大，为什么幼崽那么小

　　大熊猫身上有许多两极对立却能和谐统一的特点，比如黑色和白色，比如凶猛和呆萌，再比如成年大熊猫的庞大体格和初生幼崽的超迷你体形。

　　成年大熊猫体形有多大呢？体重 80 ~ 120 千克，最重可达 180 千克，是人类的 2 倍左右；体长 1.2 ~ 1.8 米，也就是说站起来跟人类差不多高；肩高 65 ~ 75 厘米（肩高就是当大熊猫四肢着地站立的时候，从地面到肩部的高度），这个高度通常只到人类的大腿，所以有人会觉得大熊猫并不是那么大。

　　刚出生的大熊猫幼崽又有多小呢？幼崽的平均体重在 100 ~ 210 克（智能手机重量一般都在 150 ~ 250 克，幼崽还没有手机重），跟成年大熊猫相比，只有其体重的千分之一左右，这个比例在胎盘动物中可能是最悬殊的。

有人可能会说，刚出生的袋鼠幼崽也很小啊，世界上最大的袋鼠——红袋鼠的初生幼崽只不过1克左右，与妈妈的体重比例能达到1∶35000，比大熊猫还悬殊[1]。注意，袋鼠是有袋类动物，这种动物比较特殊，它们虽然是胎生，但没有胎盘，幼崽出生时并没有发育完全，将在妈妈的育儿袋里继续发育。

　　为什么成年大熊猫体形那么大，生出来的幼崽却那么小呢？

　　首先，作为熊科动物的一员，"初生幼崽体形相对母体体重较小"是熊科动物的特征之一。北极熊的初生幼崽约600克，亚洲黑熊的初生幼崽有300～500克，懒熊的初生幼崽约2 000克。起初，有种观点认为熊科动物基本都是在冬季产崽（甚至会在冬眠期间生宝宝）。冬季食物少，尤其是有冬眠习性的熊（比如北极熊、棕熊、黑熊）几乎不吃不喝，只靠自身储存的脂肪和调整代谢来为胎儿提供营养。长此以往，势必会影响到熊妈妈的身体健康，于是熊妈妈通过缩短孕期、提前生下宝宝来保证自己的健康，

---

1　编者注：袋鼠属于有袋类，这里仅做形态学对照。

生下来的熊宝宝通过喝妈妈的乳汁来继续生长发育。

但是后来这种说法遭到了质疑——如果是这样的话，不冬眠的熊类（比如马来熊）是不是就能生出更大、发育更完善的宝宝了呢？实际上，新生的马来熊宝宝体重也只有 250 ～ 300 克。大熊猫不冬眠，甚至大多是在夏季产崽，大熊猫的幼崽却比其他熊类更小，这似乎解释不通。于是，科学家研究了大熊猫、灰熊、懒熊、北极熊、狗、狐狸等动物的幼崽，检测了它们出生时骨骼的发育程度、牙齿的钙化程度及组成头骨的骨板间的愈合程度。结果发现，除了大熊猫外，冬眠熊类和不冬眠熊类（怀孕期间不禁食）在骨骼生长方面没有显著差异，而且大多数初生熊类的骨骼发育程度与狗、狐狸等一样成熟。

——只有大熊猫除外。

大熊猫不仅幼崽与母亲的体重比例在熊科动物中最为悬殊，而且初生大熊猫的骨骼并不成熟，与早产几周的小猎犬相似。

大熊猫为何如此特殊呢？

原来，除了幼崽小之外，熊科动物还有一个特点，那就是"延迟着床"，意思是卵子受精后并不会立马

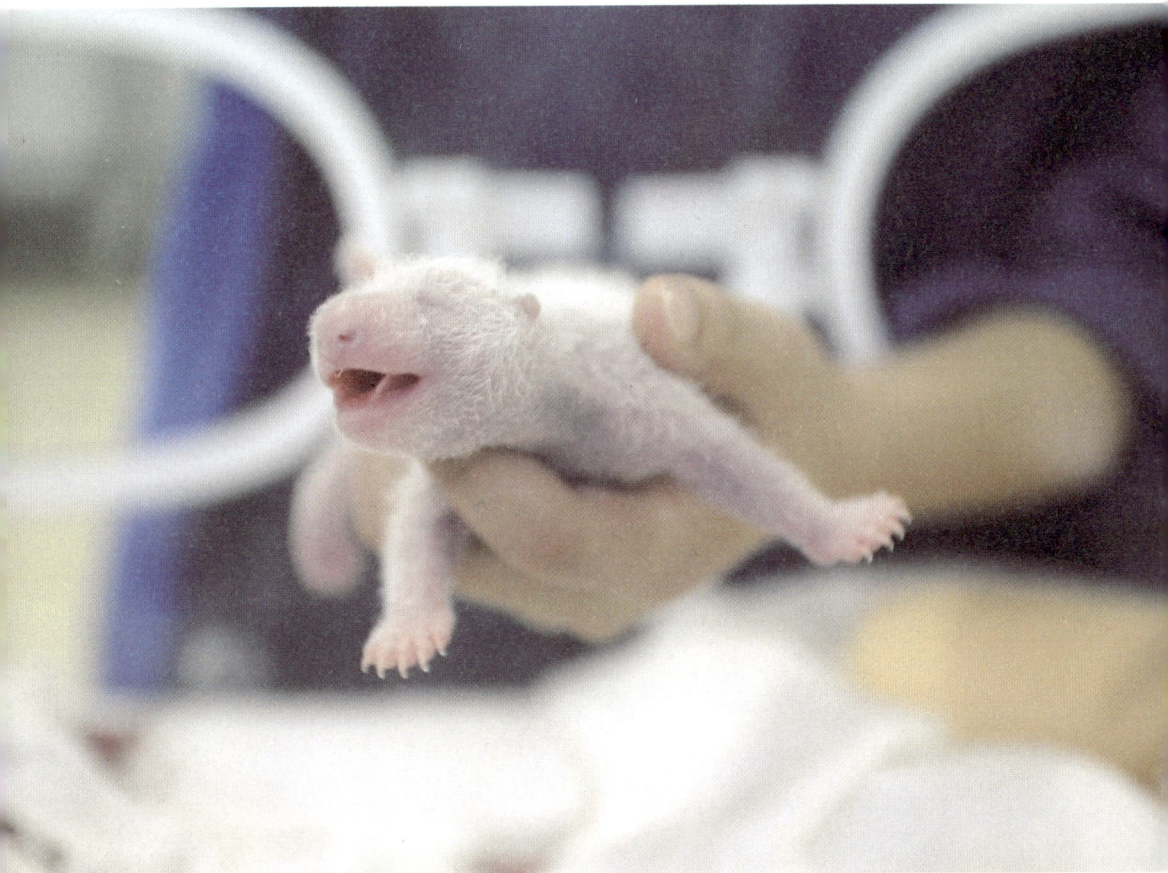

刚出生不久的大熊猫幼崽。（视觉中国／供图）

着床，而是在子宫里漂浮几个月后才会在子宫壁上着床，开始发育，直到分娩。一般熊类的受精卵着床后会孕育两个月，但是大熊猫的孕育时间缩短到约45天——也就是说，大熊猫的妊娠期平均132天，其实胚胎发育的时间只占约三分之一。

大熊猫妈妈把幼崽紧紧抱在怀里。（视觉中国／供图）

　　至于大熊猫的胚胎发育时间为什么这么短，这是个未解之谜，需要更多探索和研究。

　　我们再来详细了解一下大熊猫的繁殖行为。

　　圈养条件下，雌性大熊猫性成熟的年龄为 $5.7 \pm 1.1$

岁，雄性为 5.8±0.58 岁；野外的大熊猫则要晚一点，分别为 6.5 岁和 7.5 岁。大熊猫的发情期一般在每年的 3~5 月。在野外，大熊猫用肛周腺分泌物做标记，也许你会好奇这会留下什么味道——胡锦矗教授在论文里描述为"酸臭气味"。

成年大熊猫在野外是单独活动的，在非繁殖期仅通过气味标记进行"远距离社交"，只有发情交配的时候才会寻找其他大熊猫。在这个时期，如果一只雌性大熊猫在山脊等地势比较高的地方活动，它的信息素可以传递很远。曾有研究人员观察到同一只雌性附近出现过 5 只雄性，随之发生追逐与争斗，竞争优先交配权。

和绝大多数哺乳动物一样，雌性大熊猫会独自面对怀孕、分娩和育幼。大熊猫一般会在岩石与地面之间形成的空穴和天然石洞中产崽，偶尔还会在树干基部的大洞筑巢；巢里会用树枝铺垫在底部。胎儿出生时，通常是头先出来，落地后发出尖叫，但四肢无力，仅能微弱蠕动，妈妈则马上用嘴把宝宝叼起来抱在怀里。

大熊猫每次产崽 1~2 只，极个别的情况下会有 3 只。在野外，生双胞胎的情况很少见，但在人工圈养环境下就比较常见，比例甚至能超过一半。这可能是因为在圈养环境下，有人工繁殖技术的帮助。况且，在野外，大熊猫妈妈即便产下双胞胎，大多也只会选择最强壮的那只进行抚养，另外那只稍弱的幼崽如果得不到母乳和妈妈的照料，很快就会死亡，所以在野外观察到的双胞胎很少。

无论是天敌威胁还是食物不足，都可能导致幼崽死亡。虽说成年大熊猫战斗力很强，幼崽的天敌却很多。当妈妈出去觅食时，独自留在洞里的幼崽可能遭到黄喉貂或金猫等食肉动物的捕食；即便长到一岁半，能够离开妈妈独自生活，也可能被豹等食肉动物猎杀。大熊猫的成长过程是相当不容易的。

大熊猫在我国动物园的饲养、展出要追溯到1953年的成都动物园。但最初在动物园里的大熊猫繁殖能力都比较低下，10年后，北京动物园才迎来了第一只人工饲养环境下出生的大熊猫宝宝——"明明"。

又过了15年，也就是1978年，北京动物园采用电刺激法采精和人工授精，在9月8日迎来了世界上第一只人工授精繁殖的大熊猫"元晶"。1980年，成都动物园首次使用冷冻精液进行人工授精，获得成功。到了1989年，上海、福州、西安、重庆、昆明、

仿佛"复制粘贴"般的大熊猫母子圆润、润洋。（JINNA HONG/ 摄）

杭州等地的 8 家动物园及卧龙国家级自然保护区都开始进行大熊猫人工繁殖并获得成功。

但当时幼崽的死亡率还比较高，直到 21 世纪初才突破了大熊猫繁育"发情难、配种受孕难、育幼存活难"这三大难题，大熊猫的圈养种群终于开始扩大。2023 年全年繁育成活大熊猫 46 只，这数字不小，背后的艰难和辛酸也不少，这个成果凝聚了几代研究人员的努力和心血。

## 小贴士

"电刺激采精对大熊猫伤害巨大，导致近亲繁殖、基因质量下降"？这是谣言！

电刺激采精技术是一项常规的繁殖技术，自 1934 年被成功应用于水禽采精以来，现在已成功应用于多种动物，包括人、家畜（猪、牛、羊等）及野生动物（鹿、熊、林麝、猕猴、大熊猫等）。大熊猫电刺激采精技术所使用的是无创弱电刺激，电压仅为 2～6V。这项技术已经在国内外大熊猫繁殖中广泛使用了 45 年，尤其是在 20 世纪 90 年代末期之后。没有任何一只大熊猫因为电刺激采精或者人工授精造成健康损伤。

通过电刺激采精得到的精液可直接用于人工授精，使那些无法自然交配的个体获得后代，延续自身的遗传价值，保持圈养种群的遗传多样性。此外，剩余的精液可以通过冷冻的方式让大熊猫遗传资源得到永久保存，冷冻精液解冻后可再次用于人工授精，保障大熊猫种群的长期生存和繁衍。人工授精技术不仅不可能导致近亲繁殖和所谓的基因质量下降，恰恰相反，人工授精技术可以有效保护种群的遗传多样性。

# 大熊猫幼崽成长之路

## ——人类既是守护者，也是谦卑的旁观者

在成都大熊猫繁育研究基地的产房里，一只刚出生的大熊猫幼崽正蜷缩在妈妈温暖的怀抱中。饲养员们透过监控屏幕专注地观察，手中的记录本密密麻麻写满数据——这是他们熟悉的工作场景。从这个时候起，对于是否启动人工育幼、人工育幼参与到什么程度，都需要做出克制、谨慎、科学的判断。在大熊猫的育幼过程中，人类既是守护者，也是谦卑的旁观者。

野生大熊猫母亲独自育幼的本能，是经过数百万年进化镌刻在身体里的生存密码。比如，雌性大熊猫舔舐幼崽时，粗糙的舌头能清洁胎膜，唾液中的溶菌酶还能增强幼崽免疫力；如果人工过度擦拭幼崽（比如用毛巾完全替代雌性大熊猫舔舐），反而会破坏这一天然的防护机制。再比如，大熊猫哺乳时自然的体位调整能锻炼幼崽的抓握能力，而如果人工辅助哺乳过多，幼崽后续很可能出现哺乳困难的问题。

人工育幼中的大熊猫幼崽。（视觉中国/供图）

　　雌性熊猫虽然四个乳头都可以哺乳，但通常仅有
两个乳头产奶充足，可以持续供新生幼崽吮吸。当大
熊猫诞下双胞胎甚至三胞胎时，饲养团队会进行彻夜
监控，基于对雌性大熊猫的不间断监测，谨慎判断是

否选择人工介入——大熊猫刚生产至产后约 30 天时，每日泌乳量一般为 300 ~ 600 克，仅够哺育 1 ~ 2 只幼崽。这段时间，当幼崽体重日增长低于 10 克（正常值 15 ~ 20 克，并逐渐增加）时，则代表幼崽急需人工干预。

2014 年，广州长隆野生动物世界"菊笑"生下的三胞胎能够奇迹般地全部存活，正是饲养团队判断"菊笑"无法同时亲自照顾三只宝宝后，及时启动了"人工育幼 + 母兽带崽"相结合的方案。他们为初生宝宝设计了一套"三轨制哺乳法"：把哺乳方式分为自然哺乳、自然哺乳 + 人工补奶、人工补奶三种，三只幼崽按照先后顺序，每隔两小时轮换一种哺乳方式——也就是说，在六个小时内，每只幼崽都会经历三种喂奶方式，让三只熊猫宝宝轮流回到妈妈身边补充母乳，建立亲子感情。在饲养团队全心全意的科学照料下，三胞胎的成长、与妈妈的"合笼"都十分顺利。

熊猫幼崽长大的过程也积累了很多人工育幼的研究经验。比如，成都大熊猫繁育研究基地的育幼产房——太阳产房、月亮产房、星星产房，不但有设备完善的产房和育幼室，室外活动区也根据不同年龄大熊猫幼崽的行为能力和发育需求设计，通过环境复杂度的升级，满足熊猫幼崽的感官发育、运动能力启蒙和自然行为学习。

　　人工育幼与自然哺育就像跷跷板的两端，而饲养团队谨慎掌握着两者间的平衡，由此创造了许多圈养大熊猫繁育的成果。持续的研究、探索与实践诠释着大熊猫保育的终极哲学：用科学搭建安全网，让自然选择发挥效能——最好的保护，是让自然法则在可控范围内自由流动。

"白天出生的熊猫宝宝都在太阳产房，晚上出生的熊猫宝宝都在月亮产房"？这是个可爱的误会！太阳产房、月亮产房和星星产房是根据建筑设计的外观来命名的。

# 08

## 各种大熊猫保护机构，你了解吗

　　成都大熊猫繁育研究基地大家应该都不陌生，那可是成都文旅局荣誉局长"和花"所在的地方。除了成都大熊猫繁育研究基地，还有动物园、国家公园、自然保护区、保护中心、研究基地……它们之间有什么区别？它们的作用和研究重心分别是什么？接下来，我们就来一一认识这些大熊猫集中生活的地方。

　　首先，动物园应该是这里面大家最熟悉的了，跟其他地方相比，它主要承担的是动物保护、动物福利、公众教育、休闲娱乐的工作。大众观赏和了解野生动物最主要的场所就是动物园。

　　很多动物园里都有大熊猫，相信熊猫爱好者们能对各个动物园饲养的大熊猫如数家珍。比如，北京动物园的萌兰、萌二、"胖大海"（大名福星），大连森林动物园的飞云、金虎，成都动物园的阳浜、金玉、加盼盼，广州长隆野生动物世界的三胞胎萌萌、帅帅、酷酷，重庆动物园的渝可、渝爱，杭州动物园的春生、香果，上海动物园的和风、星光[1]……

接下来介绍一下"大熊猫国家公园"。大家千万不要被这个名字迷惑了，这个"公园"并不是我们平时理解的、供公众游览休息的绿地园林。《建立国家公园体制总体方案》中对"国家公园"的定义是："由国家批准设立并主导管理，边界清晰，以保护具有国家代表性的大面积自然生态系统为主要目的，实现自然资源科学保护和合理利用的特定陆地或海洋区域。"与一般的自然保护地相比，国家公园的自然生态系统和自然文化遗产更具有国家代表性和典型性，保护的是"自然生态系统中最重要、自然景观最独特、自然遗产最精华、生物多样性最富集的部分"，是保护强度、保护等级最高的，也

小贴士

按照生态价值和保护强度，我国的自然保护地体系分为国家公园、自然保护区、自然公园三个等级。

---

1 编者注：各动物园居住的熊猫信息更新至 2025 年 5 月。

是进行全民自然教育的重要场所。

目前，我国一共设立了 5 个国家公园，分别是三江源国家公园、东北虎豹国家公园、海南热带雨林国家公园、武夷山国家公园和大熊猫国家公园。

大熊猫国家公园设立于 2021 年 10 月，整合了我国陆续建立的 73 个各类自然保护地，连通了 13 个大熊猫局域种群生态廊道，保护了 58.5% 以上的大熊猫栖息地，能够加强各大熊猫种群之间的基因交流，有利于公园内生物多样性和生态系统的整体保护。

国家公园强调保护大规模的生态过程以及相关物种和生态系统特性，保护范围更大、生态过程更完整、管理层级更高。自然保护区保护有代表性的自然生态系统、珍稀濒危野生动植物物种的天然集中分布区、有特殊意义的自然遗迹，注重确保主要保护对象的安全，维持和恢复珍稀濒危野生动植物种群数量及其赖以生存的栖息环境。跟大熊猫相关的自然保护区有不少，比较著名的有四川卧龙国家级自然保护区、四川唐家河国家级自然保护区、四川千佛山国家级自然保护区、四川王朗国家级自然保护区、陕西太白山国家级自然保护区、陕西佛坪国家级自然保护区、甘肃白

GIANT PANDA BREEDING NOTES: THE SCIENCE FROM EATING TO FUR COLOR

大熊猫国家公园南入口四川省雅安市荥经县龙苍沟镇航拍全景。（视觉中国／供图）

大熊猫饲养笔记：从吃竹子到"黑白配"的科学

水江国家级自然保护区等。

四川卧龙国家级自然保护区（现更名为大熊猫国家公园卧龙片区）可能是大家听到最多的跟大熊猫相关的自然保护区了，始建于 1963 年，是我国最早建立的综合性国家级保护区之一，也是我国第三大国家级自然保护区。通过对保护区内大熊猫粪便样本的采集和 DNA 分析，统计出全区有 149 只大熊猫[1]，还给每只大熊猫都上了"户口"，不仅知道是雌是雄，还知道它们的身体状况、家族结构、生存状况等，可谓了如指掌。另外，安装在卧龙的红外相机还多次拍到一只独一无二的白色大熊猫，与棕白色大熊猫不同的是，在其他大熊猫毛发为黑色或棕色的地方，它的颜色更浅，并且没有"黑眼圈"，眼睛和鼻子呈现粉色。专家分析这是一只白化的大熊猫，至于它的白化突变基因能否稳定遗传还需要更多研究。

**小贴士**
*白化现象*

由于基因突变导致黑色素缺乏的现象，通常表现为眼部、毛发、皮肤缺乏黑色素。哺乳动物、鸟类、两栖爬行类动物等都有白化个体。

除了自然保护区，还有围绕大熊猫而建立起来的研究中心和研究基地。

1980年，中国政府与世界野生动植物基金会在卧龙国家级自然保护区合作建立"中国保护大熊猫研究中心"，这就是中国大熊猫保护研究中心的前身。

中国大熊猫保护研究中心（简称熊猫中心）成立于2013年，包括卧龙核桃坪、卧龙神树坪、都江堰青城山、雅安碧峰峡4个基地。熊猫中心的主要职能是开展大熊猫野外生态与种群动态研究，承担全国野外大熊猫及其栖息地野生动植物资源调查评估和大熊猫野外种群动态监测；负责大熊猫人工饲养、繁育、遗传、疾病防控以及相关技术标准和规程的研究与开发，承担全国大熊猫及其栖息地珍稀野生动物遗传资源管理及基因库建设，承担全国大熊猫谱系管理；开展圈养大熊猫野化培训与放归、野外引种工作等，创建了世界最大的大熊猫人工圈养种群。

卧龙核桃坪基地于1983年竣工并投入使用，是最早建成的综合科研繁育基地。它更侧重于圈养大熊猫野化培训、圈养大熊猫及其伴生动物的饲养和繁育等工作，是四个基地中唯一不对公众开放的。

卧龙神树坪基地是四个基地中最新的一个，这里群山环绕，植被丰富，空气清新，是大熊猫理想的自然生活环境，被戏称为"熊猫五星级生态酒店"。

都江堰青城山基地偏重于大熊猫救护与疾病防控研究，一些上了年纪、生病或者在其他地方受伤的大熊猫会送到这里来调理和治疗。

雅安碧峰峡基地则是集饲养、繁育和公众教育为一体的综合开发项目，与国家4A级风景名胜区——碧峰峡景区一起，结合旅游促进大熊猫的保护和宣传。

20世纪80年代，大熊猫的繁育、保护等研究还有很多空白，成都大熊猫繁育研究基地（简称熊猫基地）就是在这样的背景下建立起来的。如今熊猫基地已形成全球最大的人工繁育大熊猫迁地保护种群，截至2024年12月，大熊猫数量达到244只。此外，这里还有全球最大的小熊猫圈养种群，有160余只。

熊猫基地还成立了都江堰野放繁育研究中心——"熊猫谷"，于2015年4月20日对外开放，主要承担大熊猫等濒危珍稀野生动物野化训练、放归、繁育职能，常年有10余只大熊猫在这里开展野放适应性训练研究。这里与熊猫中心都江堰青城山基地不是一

卧龙神树坪基地。（六月／摄）

个地方哦，大家不要搞混了。

　　以上介绍的研究机构都在四川，我国在陕西还有一个研究中心——秦岭大熊猫研究中心（陕西省珍稀野生动物救护基地），于 2018 年正式成立。它侧重于秦岭大熊猫的繁育、保护和研究，比如前文提到的"七仔"等棕白色大熊猫的研究。

# 大熊猫国家公园见闻

提到大熊猫国家公园，最令我难忘的莫过于秦巴山脉两颗璀璨的明珠——陕西佛坪国家级自然保护区与四川唐家河国家级自然保护区。自幼生长于城市的我，对"野外"二字缺乏真切的体感，直到因为科研和科普工作走进这些原始山林，我才亲身体会到"野外"的生机勃勃。

在陕西佛坪国家级自然保护区，我邂逅了野核桃、野百合、醉鱼草，这些山野植物名字听起来熟悉，在生活中却不常见到。在保护区徒步途中，同行的植物专家更是惊喜地发现了几株国家二级保护植物粗距舌喙兰。它们正值花期，高约 30 厘米，株顶花簇盛开，淡紫花序在翠绿林荫下格外灵动。走进保护区的人与自然博物馆，我见到了世界上发现的第一只棕白色大熊猫"丹丹"的标本——毛发上温润的棕色仿佛在讲述那个发生于 1985 年秦岭深处的偶然奇迹。我看着墙上一张张记录着发现、救护"丹丹"过程的照片，读着一行行娓娓道来当年故事的文字，对这些科学工作者前辈的敬意又增加了几分。

后来，由于科学研究需要，我跟同事来到了四川唐家河国家级自然保护区采集野生动物的粪便样品。在保护区同事的协助下，我们沿兽径攀援，跨溪流而行，与野猪、藏酋猴、中华斑羚、小麂、羚牛乃至川

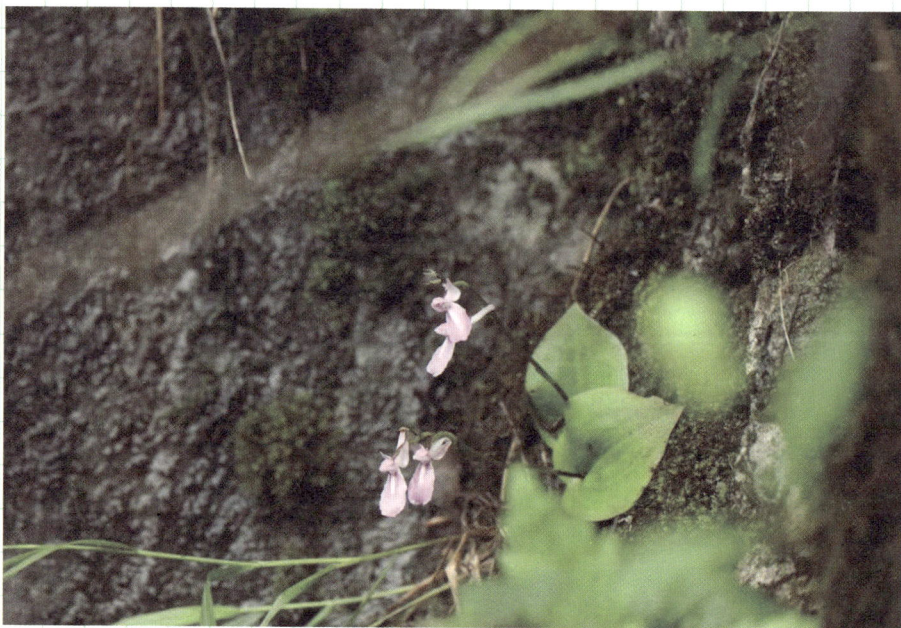

在陕西佛坪国家级自然保护区，惊喜地遇见国家二级保护植物粗距舌喙兰。（成都动物园 熊博/摄）

金丝猴不期而遇。它们有的在路边跟我们四目相对，有的则是隔着溪流在对面的山林中穿梭。

根据全国第四次大熊猫调查记载，唐家河自然保护区内有39只野生大熊猫；根据最新的公开数据（截至2023年），通过DNA检测，唐家河大熊猫种群数量上升到54只。片区内还生活着3 800多种动植物，包括119种国家重点保护动物和34种国家重点保护植物[1]，是生物多样性极其丰富的绿色家园——没错，大熊猫国家公园里，大熊猫并不是唯一的主角。

大熊猫是生物多样性保护的"旗舰物种"和"伞护种"。

旗舰物种是指非常具有"个人魅力"，对社会保护力量有很大的号召力和吸引力的物种，可以提升社会对物种保护的关注度。大熊猫是当之无愧的"明星"，不仅受到全国人民的喜爱，也让全世界为之着迷。在大熊猫的吸引和号召下，越来越多的普通人了解到了生物多样性的重要性，大大提高了生态保护意识。

伞护种就像一把保护伞，对它的保护能够辐射覆

---

1　编者注：数据截至2025年5月。

红外相机拍下两只大熊猫共同在野外活动的珍贵画面。（官天培／供图）

盖到它"伞下"的其他物种。在以大熊猫为主要保护
对象的大熊猫国家公园和自然保护地里，通过保护大
熊猫这个标志性物种，可以为众多与之共生的动植物
提供庇护，比如小熊猫、川金丝猴、雪豹、蓝马鸡、
红豆杉、珙（gǒng）桐……这种保护方式就像一把
大伞，不仅为大熊猫遮风挡雨，也让整片生境和那里
的所有生物在我们的呵护下自由栖居——这就是"伞
护效应"。

# 09

## 理想家园细打造，馆园丰容乐不断
### ——大熊猫的圈养环境

为了让国宝大熊猫在圈养环境中也能住得舒适、生活得快乐，饲养团队做出了诸多努力。从现代大熊猫馆精心设计的生活环境，到丰富多样的食物种类；从别出心裁的投喂方式，到为它们定制的专属玩具……每一个细节都凝聚着饲养团队对大熊猫满满的关爱与用心。

## 馆园设计有妙招，努力复刻自然生境

大熊猫原本生活在海拔 1 600 ~ 3 500 米的高山竹林中，气候温凉潮湿，它们喜好凉爽，惧怕暑热和极寒。为了让圈养大熊猫住得舒适，馆园会特别设计它们的生活环境。

现代大熊猫馆通常由内舍（不对游客开放）、室内展区、户外运动场以及辅助设施（工作间、诊疗室等）组成。室内展区要保证每只大熊猫拥有面积不低于 100 平方米，配备空调和加湿措施，模拟四季变化将温度常年保持在 7 ~ 25℃之间，相对湿度最好保持在 55% ~ 65%，同时保证空气流通、清新。大连森林动物园熊猫馆为了获得更好的自然采光和通风，采用了大面积的玻璃屋顶，配电动天窗，可以根据天气条件控制开关。阳光好的时候，大熊猫可以沐浴着暖阳微风，在高低错落的栖架上舒服地躺着吃竹子或是美美睡一觉。

　　户外活动场更加宽敞，设计师可以发挥的空间就更大了。第一，利用自然地形或人工堆砌造出高低起伏的山地环境，营造出一些缓坡以增加大熊猫的运动量。第二，在场地里铺设草坪，种植高矮不一并对熊猫无害的树木，能部分还原野外的生态环境。这些树木夏天可以遮阳，树干还是天然的磨爪器和按摩柱。第三，要在场地里巧妙地设置人工设施：栖架让大熊猫能够体验爬上爬下的运动乐趣；水池能让它们在夏天饮水、纳凉，还能享受玩水的快乐。另外，在展示区设置一些躲避空间，也大大有益于它们的身心健康。

草地，缓坡，高高低低的植物，水池……贴近野外生态环境，让圈养大熊猫住得更舒适。（成都动物园 康慧／摄）

栖架让大熊猫能够体验爬上爬下的运动乐趣。（视觉中国／供图）

木屑丰容。大熊猫星语
玩得不亦乐乎。（JINNA
HONG／摄）

装满竹纤维的大胖布袋子，
也是绝佳的玩具呀。（成都
动物园 康慧／摄）

# 投喂方式百十种，食物丰容乐趣多

要说野外生存和圈养生活最大的不同，应该是吃饭这件头等大事。

在野外，觅食过程会消耗熊猫的大量精力，但也锻炼了它们的身体机能和生存技能。饭来张口的生活并不健康，饲养员也在变着法子把投喂大熊猫变成一种锻炼大熊猫的活动。比如，与其将竹笋集中投喂，不如将竹笋分散放置在活动区域，增加了熊猫寻找、整理食物的难度；提供辅食时，有时会将食物藏匿于圈舍内的各个角落，或是悬挂在栖架之上，让大熊猫通过嗅觉寻找食物；有时还会把食物放在特制的滚筒或木箱里，大熊猫要转动或打开才能拿到食物。工作人员会根据季节变化调整投喂食物的方式：夏天会把苹果、胡萝卜冻在冰块里，既能解暑又能玩耍；冬天则会把食物藏在干草堆里，让大熊猫像在野外一样寻找食物。

以上这些其实都属于食物丰容。

胡萝卜、苹果、窝窝头……串起来，吊起来。在饲养员的布置下，"吃饭"变得更有趣了。（成都动物园 康慧／摄）

好吃又好看的"花束"，哪个大熊猫不心动！（成都动物园 康慧／摄）

泉州海丝野生动物世界为大熊猫星语、星愿制作的生日冰蛋糕丰容。（JINNA HONG/ 摄）

# 小贴士

## 丰容

"丰容"是现代动物园的基本要求之一，是指基于动物行为生物学及其自然习性的研究，在人工饲养条件下，采取一系列措施丰富圈养动物的生活，以满足动物身心需要，使其展现出更多自然行为的一种设计方法。

动物园等场所要展示的不仅是动物本身，还有动物原本的生境和自然状态下各种各样的行为。简而言之，丰容可以极大丰富圈养动物的生活内容和圈舍环境，主要包括环境丰容、感知丰容、食物丰容、社群丰容、认知丰容等。

像增加圈舍里的植物、水池、栖架、隐蔽场所等就是环境丰容。

感知丰容，顾名思义，就是给动物圈舍里添加各种能带来新鲜触觉、嗅觉、味觉、听觉、视觉的东西，比如咖啡渣、漱口水、舒缓的音乐等，从而提高动物探索的欲望。

食物丰容是经常变更食物种类、形状和饲喂方式、地点的措施，饲养员通常会制作各种喂食器或者提供新奇的食物形态。比如为了不让动物那么轻易地得到食物而做的各种机关（把食物装进有小洞的竹筒里）或把食物挂在高处，这也是模拟动物在野外寻找食物的过程——毕竟在野外，食物可不是那么容易就能获得的。但同时也要注意避免因丰容物材质不安全而误伤动物。

说到社群丰容，大家可能第一时间想到的是同种动物"共处一室"或者不同物种混养，但其实饲养员、游客与动物产生的良性互动，也属于社群丰容的一种。

除此之外，还有认知丰容，通过调动动物的大脑，让它积极地参与一些富于挑战性的活动，在圈养条件下给动物提供更多控制环境的机会和选择，使它感到更自然和舒适。

# 专属玩具各不同，熊猫也有自己的"心头好"

为了刺激大熊猫的感知，丰富它们的生活环境，工作人员会在场馆内不定期地悬挂轮胎、小球等玩具设施；在众多丰容项目中，一些大熊猫还会对特定的物品产生独特的感情。

萌二的"床上二件套"在"江湖"上很有名气，那是一块席草都支棱出来的破旧草凉席，和一个打着好几块大补丁的麻袋枕头。这二件套已经陪伴它很久了，它在玩耍时抱着麻袋枕头滚来滚去，跟人类喜欢抱抱枕真是如出一辙。最有意思的是，萌二还会晒凉席，手嘴并用，几经周折把凉席挂在木杆上晾晒，还"人模人样"地用爪子拍拍。

"胖大海"（福星）有一条被大家叫作"胖大鱼"的蓝色布鱼，虽然已经被它玩得褪了色，但依然是它最好的伙伴——吃饭的时候要把胖大鱼放在身边做伴，运动时也要带好伙伴登高望远。

飞云有一只特别喜欢的白色小象玩偶。它对这个玩具格外温柔，会抱着它晒太阳，睡觉时也要搂着。

党生的最爱是一个不锈钢盆，走到哪儿都要带着，

大熊猫思念很喜欢的竹制丰容玩具。（JINNA HONG 摄）

甚至爬树时也不忘记叼上，常常还没看到党生从内舍露头，它就已经先一掌把宝贝不锈钢盆拍飞出来。有一次党生躺在栖架上眯着眼睛挠痒痒时，不小心把盆踢到了水池里，它听到动静立刻清醒过来，急急跑到水池边紧张地打捞，生怕自己的宝贝丢了。所以党生人称"不锈钢盆公主"。

这些物品是大熊猫的专属玩具，能帮助它们缓解压力，增加生活乐趣。通过它们和玩具的互动，我们也能看出每只大熊猫独特的性格：有的活泼好动，有的温柔体贴，有的调皮可爱。

## 独居大侠要社交，社群丰容来支招

饲养员每天会和大熊猫进行行为训练，教它们一些简单的动作，既能增进感情，又方便了日常护理和体检。

我们作为游客，参观大熊猫馆的过程中，在遵守规定的同时与大熊猫形成良好互动，也是社群丰容的重要组成部分。

现在，大熊猫馆早已不仅仅是向游客展示国宝的场所，这里的工作人员用科学的饲养方法和满满的爱，努力为大熊猫创造舒适快乐的生活环境。期待我们能在圈养大熊猫越发接近自然的状态和行为中，更进一步地了解这些智慧的生灵，为更有效地保护野生大熊猫积累更多的知识与经验。

# 游客朋友们，请一起守护大熊猫

　　每当有人问我当饲养员最大的挑战是什么，我总是笑着说："不是照顾大熊猫，而是'照顾'游客。"这话听起来像是玩笑，却道出了我们日常工作中的真实困扰。我想聊聊在工作中亲眼见到的那些让人"哭笑不得"的故事，希望每一位走进园区的朋友能对这些国宝多一些理解与尊重。

　　有一次夏日午后，天气炎热，我正在给大熊猫准备新鲜的竹子和定量的特制饲料。正当我专心致志地检查食材新鲜度时，突然从游客区域传来一阵骚动。循声望去，竟然是有位游客偷偷地将一块面包丢进了熊猫的活动场。大熊猫的消化系统非常脆弱，那块突如其来的"外来物"如果被大熊猫吃进肚子里，很可能会扰乱它们的生理平衡，甚至引发肠胃不适。我急忙走过去捡起面包，心中暗叹：各个园区都会在明显的地方告知"禁止投喂"，为什么有人会为了拍照或

大熊猫和花的住处平日里总是人满为患，大家笑称"挤得打堆堆"。（庄朝阳／摄）

一时的好奇，而忽视了熊猫们最基本的健康需求？还
曾有游客为了引起大熊猫的注意，居然把自己的帽子
扔给它当玩具——这也是不允许的。

　　这样的事情并非孤例。还有一次我在巡视室内展

厅的时候，听到一阵急促的敲击声。几名游客为了拍摄一组"有趣"的照片，反复用力敲打玻璃，企图引起大熊猫的注意。那只正午睡的熊猫被连续敲击声惊醒后，出现了短时的惊吓反应和食欲下降。因此，保持安静、让熊猫感到安全，是饲养管理的基本原则。我想，如果每一位来园的游客都能稍加克制，用心体会动物的需要，那该有多好！

当然，不仅仅有擅自投喂食物和噪声问题，还有更让人大跌眼镜的情况。我也遇到过有游客试图攀爬户外展区的护栏，想要与熊猫来个"亲密接触"——这种危险的行为不仅可能打扰到熊猫的正常生活，也可能让游客自己受伤！大熊猫虽看似温和，但它们毕竟有强大的力量和野性本能。再说，万一游客掉下去摔伤怎么办？那位游客后来被劝离，并在我耐心讲解下明白了：真正的爱护，是保持安全距离欣赏和尊重它们，而不是冒险接近。

其实，最让我气愤的是拍摄大熊猫时使用闪光灯的游客。动物园和各处熊猫基地里早已贴满了"禁止使用闪光灯"的警示牌，但总有游客认为"闪一下无妨"。我曾见过一位游客在熊猫正专心吃竹子时连续使用闪光灯拍摄。强光不仅干扰了熊猫的视觉感知，还使得它突然惊跳，险些从栖架摔下。看着受惊的熊猫，我既无奈又心疼。

其实，想要和大熊猫有一次愉快的"约会"，方法很简单：保持安静，遵守规定，不投喂、不随意抛掷物品、不使用闪光灯、不逾越护栏。有一次，成都动物园迎来一群小学生，他们在老师的带领下参观每一个展区，就算好奇、兴奋也没人高声喧哗，甚至在园区内还主动学习"动物友好型拍摄方式"——如何在不打扰动物的前提下拍摄出它们的生动模样……看到这一幕，我心中充满了希望，文明和爱护生命的种子，应该种在每一个人心中。那天，熊猫"园园"[1]在树上优雅地伸了个懒腰，似乎也在向这些懂得尊重它们的小朋友传递感激之情。

---

1 编者注：大熊猫园园 2018 年 1 月 12 日来到成都动物园，于 2024 年 7 月 17 日搬家到成都大熊猫繁育研究基地。

作为饲养员，我们最大的心愿是让每一只大熊猫都健康、快乐地生活。而要实现这个心愿，不仅要依靠饲养员的努力，更需要每一位走进动物园的人共同参与。不管是面对国宝还是动物园里的其他动物，文明游园并不是要限制游客的自由，而是希望大家在享受美好自然的同时，也能学会与这些生灵保持和谐的距离。只有这样，才能让它们在安静舒适的环境中展示最自然的纯真与美好。

动物园文明游园指南

1. 不向动物投喂食物。园区内动物每天的饮食都由园方精心搭配，为了保障它们的健康和安全，参观时请不要向它们投食。

2. 请和家人、伙伴一起遵守园区内各文明参观注意事项：不抽烟、不拍打玻璃、不翻越围栏、不大声喧哗、不向动物投掷任何物品、拍摄时不开闪光灯，共同营造宁静舒适的参观环境。

3. 在园区内参观时，不攀折园内任何植物、不乱扔垃圾、不随地吐痰、不携带宠物入园、不在人群中打闹嬉戏，听从现场工作人员引导，共同守护园内环境。

# 10

## 什么样的人可以成为大熊猫饲养员

相信不少人都羡慕大熊猫的"奶爸奶妈"，甚至想成为大熊猫饲养员——每天和这么可爱的大熊猫在一起，难道不是世界上最幸福的事吗？

到底什么样的人可以成为大熊猫饲养员呢？

我们以 2024 年成都大熊猫繁育研究基地"科技饲养员"岗位的招聘要求为例，来研究一下。

第一条："热爱社会主义祖国，拥护中华人民共和国宪法，拥护中国共产党，遵纪守法，品行端正，有良好的职业道德，爱岗敬业，事业心和责任感强。"

毕竟要面对的是国宝，职业道德和责任心必不可少。当然，任何工作都需要这些优秀品质，做大熊猫饲养员的要求只会更高。

第二条："身心健康，具有正常履行招聘岗位职责的身体条件。"

成都动物园饲养员卓小平正在打扫场馆，搬运竹子。这是每一位大熊猫饲养员的日常。（成都动物园 熊博/摄）

相对于在办公室坐班的工作来说，饲养员确实是一项体力活。我们已经知道了大熊猫吃得多、拉得也多，饲养员不仅每天要搬竹子、竹笋等食物，还要打扫笼舍、场馆，花大量时间在现场或者通过监控系统

大熊猫饲养笔记：从吃竹子到"黑白配"的科学　　　　　　PAGE _125

对大熊猫进行行为观察，值夜班……需要一副好身板。

　　注意了，"身心健康"不仅是身体健康，还要心理健康。饲养动物是非常需要耐心和爱心的，不管是大熊猫贪玩捣蛋，还是发脾气搞破坏，饲养员都需要做到不急不躁，情绪稳定。如果大熊猫宝宝因为打架、受委屈等心情不好了，"奶爸奶妈"还需要悉心安慰。还有，大熊猫毕竟是猛兽，有锋利的牙齿和爪子，即便大熊猫本意并不是想伤害饲养员，但饲养员被抓伤、咬伤也是常有的事，所以想做大熊猫饲养员也要做好受小伤的准备。

　　再来看看这个岗位对学历、专业的要求。学历要求是大专及本科，专业则比较严格，都是与动物、兽医等相关的专业，我们来看看具体是哪些专业——

　　**大专**：野生动植物资源保护与利用、动物医学、动物药学、畜牧兽医、中兽医、宠物医疗技术、动物防疫与检疫、畜禽智能化养殖、特种动物养殖技术、宠物养护与驯导、动物营养与饲料、饲料与动物营养、特种动物养殖、宠物临床诊疗技术、野生动物资源保护与利用；

　　**本科**：野生动物与自然保护区管理、动物科学、动物医学、动物药学、动植物检疫、生物技术、生物科学、生物工程。

如果你立志做一名大熊猫饲养员的话，可以把这些专业作为目标（当然，由于岗位要求不定时会变化，还需要自己多多关注）。

大熊猫饲养员不仅要做饲喂、打扫等基础的工作，还要做丰容、行为训练、行为观察等行为管理工作以及为游客提供科普讲解等，这些工作都需要对大熊猫相关的生理学、行为学、兽医学等知识有一定的了解，更别提照顾刚出生的大熊猫幼崽这种不仅需要时间、精力、大量的耐心与爱心，还要有相当丰富的专业知识和经验的工作了。所以大熊猫饲养员是一个专业含量相当高的工种呢。

除了扎实的理论知识和丰富的饲养经验，大熊猫饲养员还需要很强的动手能力——成都动物园的大熊猫饲养员卓小平、胡若莹正在做丰容装置。（成都动物园 康慧/摄）

# 大熊猫饲养员的日常

　　大熊猫饲养员每天到岗位后的第一件事，自然是观察每只大熊猫的状态和圈舍情况了，包括多角度观察它们是否有外伤，与它们互动判断其精神状态是否良好，检查活动场和内舍是否有异物，等等。在观察完成、确认一切正常之后，就要开始清扫大熊猫的圈舍啦！数量可观的"青团"自然是需要清理的第一梯队，其次是更换污染的垫料，清洗食槽、水池等。在清扫过程中，"青团"的形状、颜色、成形情况等都会告诉我们大熊猫的基本健康状况，留心观察可以第一时间发现异常并及时处理。

　　清洁工作完成后，就要开始准备大熊猫的食物了。每天都有来自供应基地的新鲜竹子运来，加上动物厨房根据每只大熊猫的营养需要和季节变化配给的胡萝卜、苹果、南瓜、香蕉、特制窝窝头等食物，都需要饲养员进一步处理、喂食。当然，作为现代动物园，我们会将这些食物制作成"食物丰容"，比如用树干、PVC管、亚克力板、消防水带等材料制作成喂食器，将食物放进去；又比如将竹子、竹笋插在地面，给大熊猫一种它们是"从地面长出来"的感觉，从而让大熊猫表现出类似野外"觅食"的行为。当某些节日到来，或是某只大熊猫过生日的时候，我们还会准备特制的"蛋糕"和"果盘"，可考验饲养员的审美和动手能力了！

国庆佳节，厦门灵玲动物王国的饲养团队为大熊猫精心制作的食物丰容。（JINNA HONG/摄）

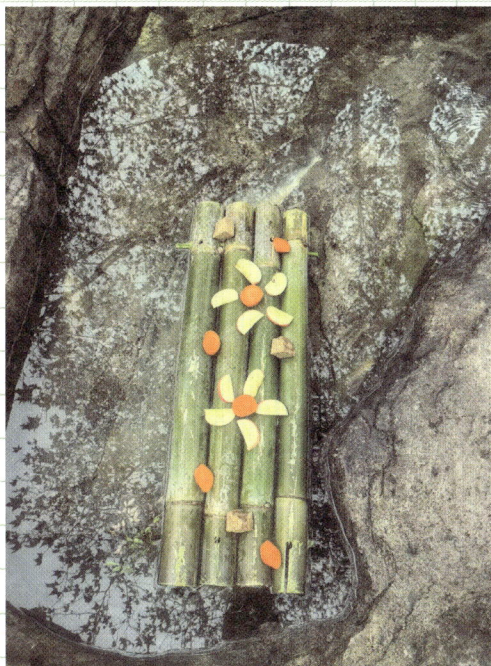

和大熊猫相处的一朝一夕，饲养员付出着耐心与爱心。（成都动物园 康慧/摄）

完成食物丰容后，就是做行为观察、场馆巡视和科普讲解了。我们需要观察大熊猫进食的状态、活动情况等，同时根据动物园的安排定时给游客进行免费的科普讲解，让来参观游览的游客知道大熊猫现在正在做什么、为什么这么做，有时候还会讲讲饲养员与熊猫之间的小故事。

大熊猫一天要花十几个小时进食，吃掉几十公斤的食物。只是早上这一次添加的食物肯定是不够的，所以每天都需要更换数次新鲜竹子和竹笋，更换频率会随着它们进食的速度而变化。

"大熊猫行为训练"也是饲养员的一个重要工作内容。现代动物园的训练都是基于正强化的方式（即利用条件反射的原理，通过食物或口令反复强化，让动物自愿做出符合要求的动作或行为，并且有随时离开的权利）进行医疗训练或认知丰容训练，避免或降低大熊猫在医疗检查、饲养管理等过程中的应激反应，提高大熊猫的福利待遇。

就算到了夜里，也会有夜班人员定时巡视，并根据大熊猫的采食情况添加食物，保证大熊猫全天候都能实现"竹子自由"。

在每一项工作开始前、完成后，我们还会根据需求记录相关信息，以此来帮助我们了解不同个体的具体情况，也可以为科学研究提供基础数据。

有人可能会问，与大熊猫建立信任关系需要多久呢？这当然并非一朝一夕的事情，根据个性的差异，与一只大熊猫建立信任需要花费几周甚至几个月的时间。这种"安全感"与"信任感"就是通过每天耐心地饲养、观察与训练慢慢建立的。一名大熊猫饲养员如果工作年限比较长，可能接触过几只甚至几十只大熊猫，虽然它们可能不像"和花"等明星熊猫那样广为人知，但对于饲养员而言，它们每一只都是独一无二的朋友和家人。

通常一位饲养员会同时饲养几只熊猫？

平均每位饲养员负责2只成年大熊猫或者5～6只亚成年大熊猫。当然也有特殊案例，比如"福宝"，它从韩国旅居归来后，中国大熊猫保护研究中心为它组建了包括2名饲养员、1名营养师、2名兽医等在内的专业饲养团队，让"福宝"顺利完成检疫、融入大熊猫大家庭。而旅居海外的大熊猫，通常都会让饲养员和兽医共同前往。

# 11

## 目标棒、响片、苹果块，你让咋干就咋干
### ——大熊猫的行为训练

"握住！"随着饲养员轻柔的指令，训练中的大熊猫主动伸出前爪，稳稳地抓住采血架。这一幕让游客惊叹不已：大熊猫竟然真的可以"听懂人话"！是的，这就是饲养团队对大熊猫进行行为训练的成果——通过食物奖励和口令、手势等结合的方式，引导大熊猫做出期望的行为。

## 科学训练，不为表演

动物行为训练是人类科学和文明进步的产物，通过人类与动物的交流和沟通，达到让动物自愿配合医疗检查、护理、治疗和行为管理等目的，是提升动物福利的重要手段。

比如检查身体，没经过训练，大熊猫肯定不会主动配合。如果强行保定，大熊猫会产生应激反应，甚至可能伤害到饲养员。通过行为训练，大熊猫能够学会张嘴、坐、卧、趴、躺等，自愿配合各种医疗检查和日常护理。行为训练也方便了日常管理，比如让大熊猫返回圈舍、进入转运笼等。

行为训练还可以加强大熊猫与饲养员之间的沟

## 小贴士

### 保定

为了保障人和动物的安全，采取适当手段限制动物活动的方法被称为"保定"。保定分为物理保定（徒手/器械）和化学保定（麻醉剂等药物）。

### 正强化行为训练

正强化行为训练与马戏团表演训练的目的完全不同。前者是为了训练动物配合日常护理和医疗检查，减少过程中的应激反应，避免应激对动物造成的伤害，提升动物福利；而后者则是在扭曲动物天性的过程中取悦观众。除此之外，马戏团训练中往往隐含了很多违背动物本能、潜藏安全风险的活动，比如让狮子钻火圈、让黑熊走钢丝等，这些都会使动物处于高度紧张和恐惧的状态。而马戏团为了让动物在训练中更听话，常常故意使动物处于饥饿状态，从而迫使它们为了获取食物而服从训练指令；但凡动物没有做出令人满意的行为，还会施加惩罚……

在大熊猫行为训练的过程中，大熊猫始终处在轻松自然的状态下，即使做出不符合训练预期的行为，也绝不会受惩罚，而做出期望的行为之后，会及时得到食物奖励。而且，在训练过程中，它们可以随时离开，饲养员会充分尊重大熊猫的自由意志。

通，降低大熊猫的攻击性，让大熊猫更加信任饲养员。

## 有了小奖励，争当优等生

大熊猫行为训练的工具其实非常简单，饲养员准备好目标棒、响片或口哨，再带上食物奖励，就可以自信上场了。

目标棒一端常常涂成鲜艳的颜色，用来吸引大熊猫的注意力，精准引导大熊猫做出特定的动作或移动到特定的位置。目标棒成为饲养员与大熊猫之间沟通的一种媒介，通过正强化训练，让大熊猫知道使用身体的特定部位触碰目标棒可以得到奖励，大熊猫就能逐渐学会理解目标棒的不同动作、位置变化等传达的信息。例如，当目标棒处于高处时，大熊猫知道这是要它做出站立的动作；当目标棒水平移动时，可能意味着要它从现在的位置走到另一个地方去。

目标棒的手持端贴了一个小响片，轻轻一按就可以发出声响。可别小看了这个装置——当大熊猫做出饲养员期望的动作时，饲养员立即按响片，然后给予

▶目标棒和响片是饲养员与大熊猫之间沟通的重要媒介。成都动物园饲养员胡若莹正在对大熊猫进行行为训练。（成都动物园 施雨洁／摄）

▼成都动物园饲养员卓小平正在对大熊猫进行行为训练。（成都动物园 施雨洁／摄）

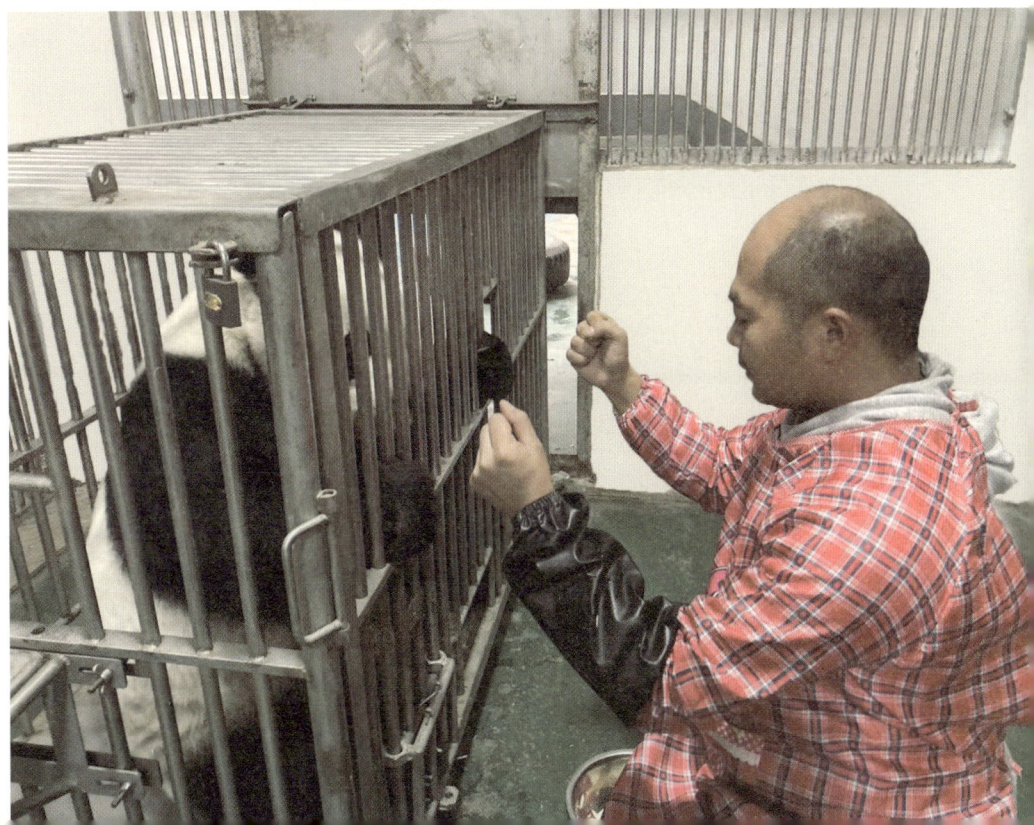

食物奖励，经过多次重复，大熊猫会将"响片声"与"期望行为""奖励"关联起来，形成操作性条件反射，从而更积极地去完成期望动作。饲养员通过响片声作为桥接，按响片的同时还可以再增加口令和手势，来引导大熊猫完成更复杂的训练动作。

大熊猫其实很聪明，一旦明白训练时有美味奖励，立刻变得格外认真。这里不得不说，虽然大熊猫的食性高度特化，以竹类为主，但它们仍然很喜欢苹果、蜂蜜这类甜食。

## 医疗预演，益处多多

以前给大熊猫做医学检查，总需要麻醉，然而麻醉伴随较大风险，每次都让人提心吊胆。现在通过行为训练，它们不仅不害怕，还会主动配合。带来这一神奇变化的行为训练目前已经包含：口腔检查训练、手臂采血训练、腹部B超检查训练、尿液采集训练（通过检测尿液中的繁殖激素含量监测大熊猫发情及怀孕状况）、眼部检查训练，等等。

我们来看看最基础的手臂采血训练是如何达成的：饲养员会用目标棒引导大熊猫伸出前爪握住采血架并保持稳定，当大熊猫完成动作时，饲养员就会按下响片并给予食物奖励。经过反复练习，大熊猫就能在非麻醉的情况下完成采血。这种方法不仅避免了麻醉带来的风险，还能保证血液样本中各种激素含量的准确性，基本上熊猫没吃几块苹果，采血就完成了。

　　口腔检查训练同样重要。由于大熊猫主要以竹子为食，牙齿健康直接关系到它们的生存质量。饲养员往往会先让大熊猫握紧栏杆，避免之后熊猫还有空手

经过行为训练后，大熊猫会主动、松弛地进行必要的医疗检查——成都动物园的大熊猫正在进行口腔检查。（成都动物园 施雨洁／摄）

影响口腔检查训练，然后通过特定的手势，让大熊猫张开嘴巴，方便兽医观察并记录牙齿的生长情况、磨损程度以及是否存在异常，从而及时采取相应措施，保障大熊猫的口腔健康。

对雌性大熊猫来说，腹部 B 超检查训练是必修课。饲养员要教会它们保持侧躺姿势，方便兽医检查，准确判断大熊猫自身及其胎儿的情况。

## 日常管理，处处学问

除了为医学检查所做的针对性训练，在日常管理中，还有一些基础课。

比如饲养员会用目标棒引导大熊猫站立，并逐渐延长站立时间，这能锻炼大熊猫的后肢力量，帮助它们更好地进行攀爬或交配活动。而装笼训练则是为了让大熊猫能够安全、轻松地完成转运——无论是进行长途运输，还是更换园内饲养场地，都需要用到运输笼。这可不能等到要搬家了才临时抱佛脚，而是日常就要训练起来。饲养员通过目标棒进行目标跟随训练，用目标棒不断变换位置、靠近笼具，一点一点引导大熊猫主动进入，逐步适应笼具环境，日常不断的接触会使大熊猫对笼具脱敏。

每项看似简单的训练都有细致的训练设计、时间安排和完成要求，由专门的工作组进行训练、评估和考核。饲养员会根据每只大熊猫的性格特点，制订个性化的训练计划。比如性格活泼的，训练时间可以适当延长；性格内向的，则需要更多的耐心和鼓励。

科学训练带来显著效果，对大熊猫来说，这不仅减少了检查或治疗带来的紧张和不安，还增进了与饲养员的感情。许多饲养员表示，通过日常训练，他们能读懂每只大熊猫的"小脾气"。

因为有这些工作人员的种种努力，圈养大熊猫才有更高质量的生活，在保护大熊猫方面才能取得一个又一个突破性成就。随着研究的深入，动物行为训练的方法也在不断改进，训练内容在不断更新，让大熊猫更愿意参与行为训练，也让饲养员能为它们提供更好的照料和关怀。

# 大熊猫行为训练探索手记：

## 从手足无措到读懂沉默的语言

许多年前，当我第一次握着目标棒靠近动物时，面对的是一只雄性亚成年大熊猫。它懒洋洋地趴在栖架上，对我的指令毫无反应，甚至把目标棒当成磨牙玩具，咬得嘎吱作响。那时我才明白，书本上的"正强化训练"理论在现实中需要跨越的不仅是技术门槛，还有与动物建立信任的漫长过程。

训练之初，大熊猫总是在得到奖励用的食物后迅速跑开。后来它渐渐发现我并不会阻止它离开，才慢慢开始信任我。在设计"连续奖励机制"——每次完成期望行为都给予奖励后，它的响应效率也有了大幅提升。几天后，当这只参加训练的大熊猫第一次主动用前掌触碰目标棒的红色一端时，阳光正透过观察窗洒在它的黑眼圈上——那一瞬间，我忽然读懂了大熊猫沉默的"语言"：它们不是被动接受指令，而是在用行为与我们对话。

有一只2016年开始参与训练的雌性大熊猫，因为幼年有不愉快的麻醉经历而极度抗拒医疗器具和检查。我们花了整整八个月，从让它嗅闻采血针开始，最终实现无麻醉自愿采集血液——整个过程它都稳定、安静，轻松的样子让我们大感欣慰。一只成年大熊猫的前掌厚度约为3厘米，要精准定位采血针刺入静脉而不引起应激，需将训练分解为几个小步骤，包括：触碰脚掌即奖励（每日20次，持续1～2周）；用没有针头的注射器轻压皮肤（压力控制在动物不抗拒的情况下）；引入真实采血针（针头包裹软管，外露仅1～2毫米避免刺入过深），完成首次采血（耗时数秒，采集微量血液用于基础检测）等。

对于怀孕的雌性大熊猫，B超检查也是常见的医疗检查之一，但侧躺训练曾让许多大熊猫激烈抵触。通过循序渐进的正强化训练，大熊猫会逐渐增加对训练员的信任，完成姿势调整和行为保持等训练。现在，当饲养员轻拍检查台，熊猫会自己调整成侧卧姿势，有的大熊猫甚至会在仪器探头移动时配合屏息。

大熊猫大多趴卧，因为侧卧会暴露腹部，身体也会缺乏稳定支撑，产生不安全的感觉。因此需要经历长久的建立信任等训练过程，才能让大熊猫愿意将腹部露出来，并且不会回避饲养员的触摸。

依托"正强化训练"的行为管理训练不仅存在于大熊猫中，许多先进的动物园也正努力将其应用在其他珍稀动物上。比如，通过行为训练让合趾猿等配合医疗检查；通过目标棒引导大象自主在训练墙的修蹄窗口展示象蹄，鼓励它们保持姿势，从而进行足部护理；让长颈鹿、河马等大型动物在检查时保持静止，以获得准确的实时体重等……

"我们不是在训练动物，而是在学习如何与它们成为更好的朋友。"十余年与动物同行的岁月让我懂得，每一次响片的"咔嗒"声，都是两个物种在进化长河中的温柔共振。

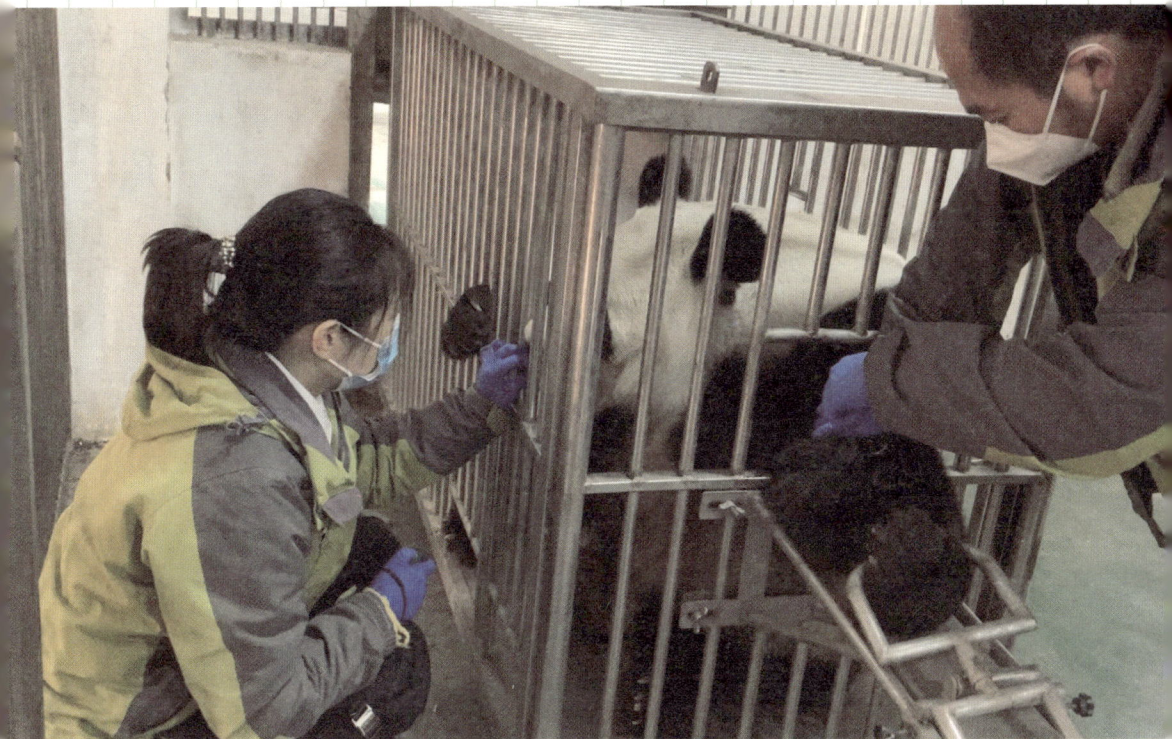

成都动物园的大熊猫训练课。饲养员卓小平、康慧正训练大熊猫学习自主握住采血架。（成都动物园 施雨洁/摄）

# 12

## 为什么要坚持做大熊猫的
## 野化培训和放归探索

　　大熊猫的"野化培训与放归"是怎么一回事？为了这个目标，我国甚至还成立了专门的野培基地，比如卧龙核桃坪野化培训基地和都江堰野放繁育研究中心等，大熊猫的野化培训和放归为什么这么重要？

　　首先，要知道大熊猫的圈养种群和野生种群是不一样的。我们在动物园等地方看到的都是圈养种群，它们要么是出生并生活在这里，要么就是从野外救助回来，已经失去了野外生存能力，它们的生活是完全脱离野外环境的。但保护大熊猫的最终目的不是把它们都圈养起来，而是要帮助野外种群恢复和壮大。

　　截至 2024 年，大熊猫全球圈养种群数量为 757 只，野生种群数量为 1 900 只左右，从数量上来看，野生种群数量大约是圈养的 2.5 倍。可能有人会问，大熊猫在动物园里无忧无虑、被妥善照顾不是很好吗？为什么还要把圈养的大熊猫野化，放归野外去"受苦"呢？

从濒危物种保育的角度来看，"圈养"是一种迁地保护的方式，是在物种数量很低或原有生境被破坏的情况下，给予这个物种最后的生存机会。20 世纪80 年代，当时大熊猫野外种群数量只有约 1 100 只，在对它的繁殖行为所知甚少的情况下，把大熊猫集中到人工圈养环境，近距离进行保护和研究，攻克各种繁育难题，是帮助大熊猫种群数量稳定和增长的有效

大熊猫国家公园。红外相机拍下了夜间出现的野生大熊猫。（官天培／供图）

大熊猫国家公园。红外相机拍下了在竹林中散步的野生大熊猫。（官天培／供图）

办法。事实也证明，经过 40 多年的努力，科学家不仅攻克了圈养大熊猫繁育"发情难、配种受孕难、育幼成活难"三大难题，还实现了种群数量的增长。但这不是最终的胜利——圈养种群是野生种群的必要备份，不是野生种群的归宿。

野生种群面临的挑战同样严峻。虽然自 20 世纪 60 年代开始，我国陆续建立了 73 个以大熊猫及其栖息地为主要保护对象的自然保护地，但是保护地之间不连通，大江大河、高山、公路等地理阻隔和人类活动的干扰把野生大熊猫分割成了 33 个局域种群，其中 18 个种群的数量不足 10 只。

我们都知道近亲繁殖有可能导致多种遗传疾病。一个过于小的种群，内部成员繁殖几代后就都是近亲了，如果再内部繁殖下去，很容易产生多种疾病或缺陷。种群之间无法进行基因交流，就导致了遗传多样性降低，使种群的生存能力大大降低，种群灭绝的可能性大大增加。所以，种群个体必须保持在一定的数量——把圈养大熊猫野化放归，是非常直接有效地补充野生种群数量、增加遗传多样性的方式。

早在 1997 年，我国就召开了圈养大熊猫回归野外的可行性研讨会，专家在会议上达成共识：复壮野生大熊猫种群是大熊猫人工繁育的最终目标，要把野化放归作为大熊猫保护的重要工作内容。

但当时圈养种群都亟待扩大，更别提冒险把好不容易养得健健康康的国宝放归野外了，风险太大。直至 2003 年，中国大熊猫保护研究中心率先启动圈养大熊猫野化培训与放归工作。

但这条路并不是一帆风顺的。"祥祥"是第一只经过野化训练放归野外的圈养大熊猫。非常可惜的是，放归不到 1 年，祥祥可能因为争夺领地和食物，与其他野生大熊猫争斗而从高处摔落，最终工作人员非常痛心地在雪地里发现了祥祥的尸体。

祥祥的意外离世让很多人不理解野化放归的意义，甚至对相关专家和工作人员口诛笔伐。再加上2008 年的汶川地震导致野训场地损毁过半，道路中断，让野化放归工作一度停滞。

但专家对野化放归工作方案的优化和对祥祥之死的反思并没有停止，2010 年，随着圈养种群的进一步增长，圈养大熊猫野化培训第二期工作开启。

与之前直接选取合适的雄性亚成年大熊猫不同，熊猫中心这次采用"母兽带崽"的方法，也就是让有野外生存经验和育幼经验的大熊猫妈妈在自然环境下设立的培训圈内产崽，并且生产、带崽过程都尽量不提供人为帮助，减少人与大熊猫的接触（即便接触也要穿熊猫伪装服），避免它们对人和人工饲养环境产生依赖；让幼崽在妈妈的带领下学习各种野外生存技能后，再放归野外，融入自然栖息环境。

具体要学会哪些技能呢？在野外，爬树是幼年大熊猫躲避天敌的法宝，能又快又稳地爬上高高的树枝是野外生存第一课。第二是觅食，学会寻找和识别不同的竹子，包括挖竹笋、采食竹叶，还要能知道如何在食物短缺的时候寻找其他替代食物，比如野果、小型哺乳动物等。第三是寻找水源，水是生存必需品，要学会寻找和识别清洁水源，还要知道在干旱季节和水源短缺的时候通过扩大活动范围找到水源。第四是学会识别和躲避天敌，知道什么是危险，一旦发生危险要赶紧逃跑或上树……正所谓"技多不压身"，技能越丰富，生存能力就越强。

按照大熊猫的生长发育和行为发育特点，专家将野化培训分为两个阶段：第一阶段是幼崽刚出生至1岁左右，和妈妈在 2 000 ~ 3 000 平方米左右的小型培训圈内开展野化培训，这个时候幼崽吃的是母乳，主要跟着妈妈学习爬树等基本技能。第二阶段是当幼崽成长到 1 岁左右，会和妈妈一起被转移到面积更大、自然环境更复杂的野化培训圈内，幼崽将逐步学会自主采食竹子、躲避天敌、寻找水源等更丰富的生存技能。

大熊猫在完成这一系列的培训并经过专家论证评估后，才有可能正式放归到野外。这时的大熊猫处于断奶后、成年前阶段，作为亚成年大熊猫的它们更容易融入野生大熊猫种群。放归地一般选择生态系统较为完善、竹子种类数量丰富、水源丰富、远离人类喧嚣的地方。对了，放归地的寄生虫、病原微生物调查也不能忽视，这些情况都需要掌握在可控范围内。

放归野外时，要给放归的大熊猫植入身份识别芯片，戴上卫星定位颈圈，以便实时定位追踪。一旦有意外情况，工作人员就会根据定位信号去寻找，为大熊猫提供救护。颈圈一般在1年至1年半后自动脱落，之后再根据安装在野外的红外相机和从粪便中提取的DNA，继续进行追踪监测。

"淘淘"是"母兽带崽"培训计划中的第一个成功案例。它的妈妈"草草"是2003年中国大熊猫保护研究中心从野外救助回来的雌性大熊猫，有着多次野化培训经验。于是2010年草草被放归野外，并和野生雄性大熊猫完成自然交配。4个月后，"草草"顺利生下"淘淘"，表现出了极强的母性，下大雨的时候会把宝宝抱在怀里，雨水顺着它背上的毛发流下去，宝宝却一点都没湿。在草草的精心养育下，淘淘学会了爬树、吃竹子，还和妈妈一起经历了大雪、暴雨、泥石流等自然灾害。

2012 年 10 月 11 日，2 岁 2 个月大的淘淘带着众人的希望，放归于大熊猫种群密度较低的四川栗子坪国家级自然保护区（这是为了减少种内竞争给放归大熊猫带来的压力）。经过两年的持续追踪，监测数据显示，淘淘在野外的活动范围不断扩大，达到约 30 平方千米。2017 年年底，科研人员在回捕笼中意外发现了淘淘，经过一番检查，发现淘淘身体状况良好。淘淘在重新佩戴新的卫星定位颈圈后，再次被放归野外。

截至 2024 年 11 月，已经有 12 只圈养大熊猫被放归野外，它们是祥祥、泸欣、淘淘、张想、雪雪、华姣、张梦、华妍、映雪、八喜、琴心和小核桃。除了祥祥和雪雪不幸死亡外，其他都存活了下来，说明野化放归是有显著成效的。未来，希望圈养大熊猫的基因能真正融入野生种群里，以增加野生种群的遗传多样性，提升野生种群的生存力。

**小贴士**
*回捕笼*

指安放在野外、专用于再次捕捉已放归个体的笼式捕捉装置。科研人员用它把受训放归的大熊猫临时诱回，完成体检，更换卫星定位颈圈，并对疾病进行处理后再放归野外。

# 野培故事会

在动物园工作的这些年里，我曾经听说过无数令人难忘的故事。特别是大熊猫野培和放归的故事，让我了解了一段充满挑战、艰辛与希望的历程。

在"母兽带崽"野化培训中，要选择那些具有较强野外生存本能的雌性大熊猫，并尽量减少对它们在生产和育幼过程中的人为干预。这种方法不仅可以让幼崽在妈妈身边学习如何在野外觅食、爬树、躲避天敌，还能让它们从小就形成独立的生存意识。大熊猫的嗅觉极为灵敏，如果带着浓厚的人类气味、以人类形象出现在大熊猫面前，它们很容易产生依赖，甚至将人类视为安全的依靠，在放归野外后也容易警惕性不足。为了彻底抹去人类的痕迹，野化训练期间，工作人员必须在接触中穿上特殊的熊猫伪装服，让自己看起来更像大熊猫的同类。为了彻底屏蔽人类气味，工作人员在进入野化培训圈前，还会在"熊猫服"上喷洒稀释后的熊猫尿液与粪液。这种天然气味配合"全身伪装"，可以让幼崽把工作人员视为环境中无害的熊猫个体，而不是可依赖的人类。野培基地的同事告诉我："穿上熊猫服时还是挺考验人的，大熊猫尿液和粪便气味浓烈刺鼻。不过为了大熊猫的野化培训，能忍住！"

关于野化培训，有一只叫作"琴心"的熊猫宝宝有着一段非常有趣的故事。琴心从小就表现出极强的野性直觉和适应能力，大家都戏称它为"野培天才少女"，饲养员们对它的放归充满了期待。二期野培时遇到寒冬大雪，工作人员接连三天都没接收到琴心的定位信号，翻山寻找，信号反而越来越弱，让人揪心不已。琴心母女所在的二期野化隔离区是一片方圆100 公顷[1] 的原始山林，防护网都有 2 米高，难道是恶劣天气导致了防护网损坏，让琴心逃走了？它会不会遇到什么危险？经过 2 天紧急野外搜寻，最后工作人员才发现琴心是自己挖洞跑到了培训圈外，夜里还懂得回来找妈妈"淑琴"吃奶……野培时琴心五次打洞

---

1　编者注：1 公顷 = 10 000 平方米。

"逃跑"，又被工作人员抬回来五次，看来琴心已经很好地适应了野外的生活。对琴心来说，那些冒险仿佛只不过是生活中的小插曲，这些经历正是它日后在野外自如生活的宝贵财富。

与琴心齐名的，还有一只叫"小核桃"的大熊猫。经过生存能力和健康状况的综合评估，2018年12月17日，它和琴心在四川龙溪—虹口国家级自然保护区同时放归野外。2021年11月，通过红外相机拍摄的画面和粪便中提取的DNA发现，小核桃体态圆润，精神状态正常，在野外生存状况良好。小核桃的成功放归，不仅为野生大熊猫种群增添了新鲜基因，也为野化培训工作提供了宝贵的经验。

"每当回想起放归那一天，小核桃和琴心稳步跑向竹林深处的身影，总觉得那不仅仅是一个放归的瞬间，更是大熊猫真正回归自然、找回自我本真的开始。"四川龙溪—虹口国家级自然保护区龙池保护站的朱大海站长说，"这些年的放归工作让我深刻体会到，我们所做的一切，都是为了让大熊猫真正回到野外。曾有人质疑，圈养生活不是更安全、更舒适吗？动物园固然可以提供充足的食物和细致的照顾，但那不是大熊猫的归宿。大熊猫应当在广袤的山林间奔跑，在自然中感受四季更替，体验风雨雷电带来的挑战。正因为如此，我们才坚持野化培训，从严格的选拔，到科学设计的训练环境，再到最终的放归、监控，每一步都充满了艰辛和风险，但也充满了无限的希望。"

2018 年 12 月 17 日 "放归自然活动"现场，龙溪—虹口国家级自然保护区的监测队员们。
（龙溪—虹口国家级自然保护区／供图）

小核桃放归现场。（龙溪—虹口国家级自然保护区／供图）

"野培天才少女"琴心放归现场。（龙溪—虹口国家级自然保护区／供图）

2018年12月17日放归之时，琴心稳步跑向竹林深处，将要真正成为野外的居民。（龙溪—虹口国家级自然保护区／供图）

　　站在自然保护区苍翠的竹林边，我听着琴心、小核桃和祥祥的故事，心中涌起无尽的感慨——只有让大熊猫活成真正的"熊猫"，才能算是对它们最深切的爱护。

　　保护工作并非一蹴而就，但每一个放归的成功案例，都在向我们证明：只要坚持科学、耐心、充满爱心的工作，终有一天，这些国宝将不再局限于人工环境，而是能够在野外自然成长。琴心的饲养员牟仕杰护送它到二期野化隔离区，送它出笼的时候，对琴心说："新的环境里去好好生活啊。"愿未来的日子里，更多"琴心""小核桃"能够走向更广阔的天地，续写大熊猫在山林间的传奇。

琴心和小核桃放归后，保护区监测队员在做放归大熊猫监测工作。（龙溪—虹口国家级自然保护区／供图）

# 13

## 大熊猫濒危等级降低意味着什么

1986 年，世界自然保护联盟（IUCN）首次从科学上认定大熊猫为濒危物种；2016 年，世界自然保护联盟宣布将大熊猫的受威胁程度从"濒危"降低为"易危"。

"等级降低"这四个字可能会让人觉得大熊猫地位下降了，会让外界误以为它们已经"不再珍贵"，从而放松对它们的关注，不再让它们受到更好的保护和对待了。其实并不是这样——这背后是几十年里无

大熊猫同时是《濒危野生动植物种国际贸易公约》（CITES）附录 I 物种，受到国际公约的严格保护。

尽管大熊猫的受威胁程度从"濒危"降低为"易危"，但"易危"仍然是受威胁的状态。（视觉中国/供图）

数科研人员、工作人员和社会各界所付出的努力，是中国动物保护工作的一场胜仗。

世界自然保护联盟是世界上规模最大的非营利环保机构，致力于帮助全世界关注最紧迫的环境和发展问题，并为其寻找行之有效的、以自然为本的解决方案。其最为人熟知的工作之一就是制定了《世界自然保护联盟濒危物种红色名录》，这个名录主要由该联盟下的物种存续委员会（SSC）负责编制和更新。

这个名录从1963年开始编制，是全球动物、植物、真菌保护现状最全面、最权威的名录，也是全球生物多样性重要的健康指标。在2025年第1次更新中，名录已经收录了全球169 420个物种，其中47 187种正面临灭绝的严峻威胁。

根据灭绝风险和受威胁的程度，名录把所有物种分为9类，分别是：灭绝、野外灭绝、极危、濒危、易危、近危、无危、数据缺乏和未评估。其中极危、濒危和易危统称为"受威胁"。

那么有人可能要问了，凭什么就把大熊猫的濒危等级降低了呢？"濒危"和"易危"的区别到底在哪儿？《IUCN物种红色名录濒危等级和标准》（以下简称《标准》）中对"极危""濒危"和"易危"的标准进行了详细阐述，这些标准很多很复杂，我们就简单来说一下。

《标准》对每一个等级都给出了评判标准，分别针对种群数量减少的幅度、物种分布区或占有面积的大小、种群中成熟个体的数量和野外灭绝的概率。有的标准下面还有若干条小的标准，只要符合大标准中的任何一条就可以归于该等级中。

例如，"濒危"等级的标准包括种群数至少减少50%，分布区少于 5 000 平方千米，成熟个体数少于 2 500，野外灭绝的概率在 20 年或 5 代内至少达到 20%；而"易危"等级的标准包括种群数至少减少30%，分布区少于 20 000 平方千米，成熟个体数少于10 000，野外灭绝的概率在 100 年内至少达到 10%。

另外，《标准》2.2.1 节还注明："如果一分类单元不再符合较高受威胁等级所有标准 5 年或 5 年以上时，该分类单元可以从该较高的等级降低至较低的受威胁等级。"

截至 2024 年，我国共进行了四次全国大熊猫调查。第一次是 1974 年至 1977 年，结果显示野生大熊猫共有 2 459 只。而到了第二次（1985 年至 1988年），这个数字锐减到 1 114 只，大约下降了 55%。并且在 20 世纪 80 年代，由于大规模森林采伐、栖息地减少和破碎化、盗猎、大熊猫自身食性单一、繁殖率低等，大熊猫的生存受到严重威胁，被列为"濒危"物种。

1999 年至 2003 年，全国第三次大熊猫调查，结果显示数量为 1 596 只，野生大熊猫栖息地覆盖总面积为 2.3 万平方千米（第二次为 1.39 万平方千米），数量和栖息地面积都有显著增长。

到了 2011 年至 2014 年的全国第四次大熊猫调查，截至 2013 年年底，野生大熊猫种群数量增长到 1 864 只，栖息地覆盖总面积也扩大到 2.58 万平方千米，种群数量与第二次调查的数据相比，增长了超过 67%。

正是基于第四次调查的结果，濒危物种红色名录在 2016 年把大熊猫的濒危等级从"濒危"降到了"易危"，这是符合评定标准的。

从"濒危"到"易危"并不是简单的等级变化，这是对中国大熊猫保护工作的肯定和保护成果的展现，意味着我国生物多样性保护和珍稀野生动物资源保护之路的探索初获成功。大熊猫保护的成功经验，也值得借鉴到其他物种的保护工作中。

但"降级"并不意味着大熊猫就不需要保护了，"易危"仍然是受威胁的状态，大熊猫也仍然是我国一级保护动物。

有学者对留存资料中四次全国大熊猫调查的过程进行了分析，发现这四次调查所采用的数据收集方法、

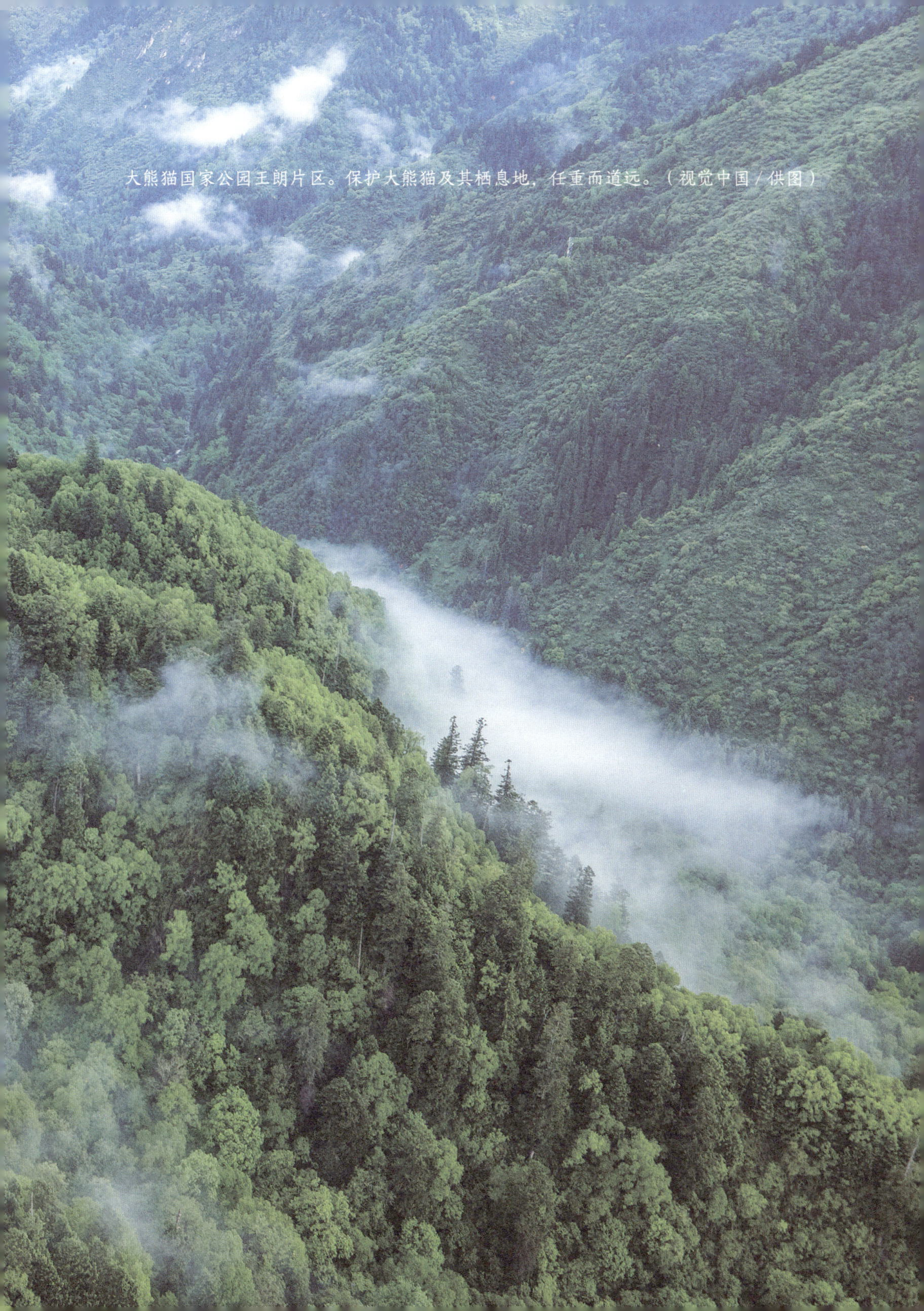

大熊猫国家公园王朗片区。保护大熊猫及其栖息地，任重而道远。（视觉中国 / 供图）

分析方法以及调查面积并不一样。在由胡锦矗教授牵头的第一次调查中，胡教授发现，不同大熊猫的粪便中咬节长短、粗细、咀嚼程度、咬痕各不相同，通过分析粪便中的咬节就能进行大熊猫数量、年龄等信息的分析，这套方法被称为"咬节法"，又叫"胡氏方法"。随着科技手段的发展，现在通过分析粪便中的DNA可以准确识别大熊猫个体并用于种群数量调查。再比如，第二次调查的采样面积覆盖49个县（市、区），而第四次为62个县（市、区），大熊猫数量的增加有一部分可能是由这些差异导致的。

现在，大熊猫栖息地的破碎化是最主要的威胁因素。有学者研究认为，未来100年内，仍有18个大熊猫种群的灭绝风险高于50%，有15个大熊猫种群的灭绝风险高于90%。

此外，大熊猫的总体数量并不足以用来判断不同种群的生存状况，种群的数量、年龄结构、性别比例等都会影响种群的发展。数量小、老龄化、性别比失衡……都会加大种群的灭绝风险。

野生大熊猫喜欢生活在海拔1 600 ~ 3 500米的地方，但是气候变化带来的气温升高，可能会驱使大熊猫往海拔更高和偏北的地方迁移，这会加剧栖息地破碎化。虽然大熊猫国家公园的建立有利于加强大熊猫栖息地的连通性和完整性，但离达成"建设大熊猫廊道、促进五大山系小种群大熊猫与其他种群基因交流"这个目标还有不少距离，任重而道远。

　　大熊猫濒危等级降低之后，保护工作并不能懈怠，未来保护工作的重点就是通过野化放归壮大种群，通过生态恢复和廊道建设连通不同种群等方法加强栖息地碎片之间的连通，降低孤立小种群的灭绝风险。

# 国宝降级是坏事吗

大熊猫的濒危等级从"濒危"降为"易危"，我深知这背后是无数科研人员、工作人员和社会各界共同努力的结果。而对我们来说，降级绝不是减少关爱和呵护的理由，而是一项更加严峻、更富责任感的挑战。

有人半开玩笑地问过我："国宝降级了，是不是以后就不用这么精心照顾了？"其实，我们不但没有让它们的"待遇"降低，相反，随着研究和保护工作的不断深入，圈养大熊猫在医疗保障、饮食安排、生活环境等各个方面都得到了更加精细化、专业化的呵护——每只大熊猫都有着独立的健康档案，我们会为它们安排定时体检；每天供应的竹子经过多重检查（在可靠的竹林砍伐新鲜竹子；每天人工清洗、挑选鲜绿的枝叶；入馆前还要做霉变、虫蛀、农药残留检测等），熊猫餐食的营养成分也经过科学配比；用心设计丰富的丰容内容；持续探索和实践行为训练……遇到野外救助的情况，我们依然会按照最高标准对待每一只受伤或生病的大熊猫，救治和护理工作丝毫不敢马虎。同时，饲养员团队也在不断提升自我，通过各类培训和交流，学习最新的保护理念和保护技术。

更重要的是，从保护等级降低那一刻起，保护工作便进入了一个新的阶段：不仅要确保大熊猫在动物园里生活得更加健康舒适，还要开展更多的野化培训项目，帮助更多大熊猫重返自然，为野生种群注入新的活力——作为饲养员，我很希望能传递这样的生态保护观念，让更多人理解大熊猫保护工作的意义。

实际上，随着保护工作的深入，社会各界对生态保护的认识也在不断提高，越来越多的人加入到保护大熊猫和野生动物的行列中。我们这些基层饲养员的工作也因为受到更多尊重和理解而变得更加有意义。

大熊猫香果的微笑。（胖达达肉滚滚／摄）

如果你喜欢憨态可掬的大熊猫，也想为保护它们出一份力，我有几个小建议给你：

### 1. 参加志愿者服务

加入各个熊猫基地的志愿者团队，学习大熊猫相关知识。

### 2. 传播科普知识，提升公众意识

在社交平台或社区活动中分享保护大熊猫的故事，推动更多人了解大熊猫和正确的保护知识。

### 3. 认养／捐助大熊猫

通过各个熊猫基地的"认养大熊猫"项目进行捐款，资金将直接用于大熊猫的饲养、科研、野化、栖息地恢复等工作。

# "少年轻科普" 丛书

## 跨学科阅读

当成语遇到科学

当小古文遇到科学

当古诗词遇到科学

《西游记》里的博物学

一起来看画
藏在中国画里的博物学

## 科学新知

动物界的特种工

花花草草和大树，
我有问题想问你

生物饭店
奇奇怪怪的食客与意想不到的食谱

大熊猫饲养笔记
从吃竹子到"黑白配"的科学

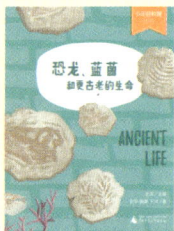

恐龙、蓝菌和
更古老的生命

我们身边的奇妙科学

星空和大地，
藏着那么多秘密

遇到危险怎么办
——我的安全笔记

病毒和人类
共生的世界

灭绝动物
不想和你说再见

植物，了不起的
人类职业规划师

细菌王国
看不见的神奇世界

好脏的科学
世界有点重口味

大国工程
小细节里的中国创新密码

# 人文通识

博物馆里的汉字

博物馆里的成语

博物馆里的古诗词

博物馆里的书法

**图书在版编目（CIP）数据**

大熊猫饲养笔记：从吃竹子到"黑白配"的科学／史军主编；熊博等著. -- 桂林：广西师范大学出版社，2025. 8.
（少年轻科普）. -- ISBN 978-7-5598-8479-4

Ⅰ. Q959.838-49

中国国家版本馆 CIP 数据核字第 20256P6D69 号

大熊猫饲养笔记：从吃竹子到"黑白配"的科学
DAXIONGMAO SIYANG BIJI: CONG CHI ZHUZI DAO "HEIBAIPEI" DE
KEXUE

出 品 人：刘广汉      策划编辑：杨仪宁
责任编辑：杨仪宁      助理编辑：李沚蒨
装帧设计：DarkSlayer

广西师范大学出版社出版发行

（广西桂林市五里店路 9 号      邮政编码：541004）
（网址：http://www.bbtpress.com）

出版人：黄轩庄

全国新华书店经销

销售热线：021-65200318   021-31260822-898

山东临沂新华印刷物流集团有限责任公司印刷

（临沂高新技术产业开发区新华路 1 号   邮政编码：276017）

开本：720 mm×1 000 mm      1/16

印张：11.5      字数：87 千

2025 年 8 月第 1 版      2025 年 8 月第 1 次印刷

定价：48.00 元

如发现印装质量问题，影响阅读，请与出版社发行部门联系调换。